三步決斷聖經

1

2

3

引爆跨領域的思維模式，
美國權威研究者
教你在關鍵時刻下對決定

Farsighted
How We Make the Decisions that Matter the Most

《經濟學人》年度選書作家
史蒂芬・強森——著
Steven Johnson

黃庭敏——譯

謹將此書獻給我的父親

「在條件和情況未知的情況下，也無法確定有效的因素時，怎麼可能會有理論或科學呢？……如同所有實務問題一樣，當什麼都不能確定，一切都取決於無數的條件，而這些條件的含義會在某個特定時刻顯現出來，但沒有人知道那一刻何時到來，那還有什麼科學可言嗎？」

——托爾斯泰，《戰爭與和平》

「現在很清楚，人類為了在現代世界中執行生產和政府的工作，所精心建立的組織，只能被理解為一種機制，即在面對複雜和不確定性時，用來應付人類有限的理解和計算能力。」

——諾貝爾經濟學獎得主赫伯特·賽門（Herbert Simon）

CONTENTS

第2章 預測思維

第5章　人生的抉擇

前言
掌握全方位的決策思維

大約一萬年前，在上個冰河時代的末期，冰川融水衝破了連接現代布魯克林和史泰登島（Staten Island）之間薄薄的陸地屏障，形成了現在的潮汐海峽——「韋拉札諾海峽」（Narrows），後來這裡成為世界上最大的城市港口之一，即紐約港。對於後來居住在附近海岸的居民來說，這個地質事件既是詛咒，也是祝福。海口開通對海上航行是一大福音，但是隨著潮水上漲，也讓鹽水湧入紐約灣。儘管曼哈頓島以兩條河為界而聞名，但其實這兩條河名會讓人誤解，因為東河和哈德遜河下游都是潮汐河口，與海水交匯，所以淡水的含量極低。由於韋拉札諾海峽與大海連通，所以如果要為船隻尋找一個安全的港口，曼哈頓島將會是絕佳的港口。但根據人類的習慣，如果你想維持充足的水分，生活在曼哈頓就會遇到一些實際的問題，因為曼哈頓其實是一個被鹽水包圍的小島。

曼哈頓在十九世紀完成的輸水道工程規模浩大，該工程從上州的河流和水庫引進乾淨的飲用水。但在此之前的幾個世紀，從最初的萊納佩（Lenape）部落原住民，到早期的荷蘭開墾者，曼哈頓島的居民都靠著飲用島上南端附近一個小湖的湖水來維生，才得以在鹹水河口地區倖存下來。這個湖的位置就在今天堅尼街（Canal Street）的下面。它曾經有過好幾個名稱，荷蘭人稱其為卡爾克（Kalck），後來被稱為淡水池（Freshwater Pond）。今日，它最常被人叫成大水塘（Collect Pond）。這個小湖由地下泉水供給，後來挖了兩條水道，其中一條蜿蜒流向東河，另一條把水向西排入哈德遜河。據說以前在漲潮時，萊納佩族人能夠乘獨木舟穿越整座曼哈頓島。

十八世紀初的畫作顯示，大水塘是一個寧靜又風景優美的地方，是早期曼哈頓居民的綠洲，讓他們可以在下午暫時擺脫南邊不斷發展的貿易中心。大水塘的東北邊緣矗立著壯觀的擺也山丘（Bayard’s Mount），也被稱為邦克山（Bunker

Hill）。爬上約三十公尺高的山頂，可以看到池塘及其周圍濕地的壯觀景色，遠處是繁華小鎮的房屋尖頂和煙囪。威廉・杜爾（William Duer）在十九世紀初撰寫的紐約回憶錄中追憶：「這是我們年輕時，冬季的溜冰度假大勝地，溜冰者以迅雷不及掩耳之速，往四面八方飛奔，冰面上好不熱鬧。這裡在晴朗冬日呈現出光彩和活力，景色也是無與倫比的。」[1]

然而，到了十八世紀下半葉，商業建設開始破壞了大水塘的田園風光。皮革廠把店開在水塘的邊緣，把動物的毛皮浸入單寧化學物質中（包括來自鐵杉樹的有毒化學物質），然後把廢棄物直接排入水塘，汙染這個不斷發展城市的主要飲用水源。水塘邊緣的濕地成為動物屍體的亂葬崗，甚至偶爾會有被謀殺受害者的屍體。一七八九年，一群關心此事的市民以及少數房地產投機者提議，要驅逐皮革廠，並把大水塘和旁邊的山丘改建成公園。他們聘請了法國建築師和土木工程師皮埃爾・查爾斯・朗方（Pierre Charles L'Enfant），幾年後，他還設計了華盛頓特區。朗方身為民間參與公共建設的早期先驅（這種合作方式讓二十世紀末曼哈頓許多公園得以復興），提議讓房地產投機者來購買在保留公共空間邊界上的房地產，來資助大水塘公園。但是該計畫最終落空，主要是因為該計畫的倡導者無法說服投資人，紐約最終會擴展到這麼北邊的地方來。

到了一七九八年，報紙和文刊上都稱大水塘為「駭人的坑」，吸引了「周遭大範圍的漏水、碎屑、渣滓和屎尿」。由於水塘中的水已被汙染得太嚴重，無法飲用，因此紐約市決定，最好把水塘和周圍的沼澤地填平，並在原址上建造一個新的「豪華」社區，吸引那些希望遠離城市喧囂的富裕家庭，這與一百五十年後在長島和新澤西州興起的郊區新市鎮有些類似。一八〇二年，市議會下令，把邦克山夷為平地，用山上的「良田沃土」，填平紐約地圖上的大水塘。到了一八一二年，幾個世紀以來為曼哈頓居民解渴的淡水泉已經被埋在地下。從此以後，再也沒有住在地面上的紐約老百姓見過這裡的淡水泉。

在一八二〇年代初期有一段時間，在池塘的舊址上蓬勃發展出一個相當不錯的社區。但是，紐約市這樣抹滅了大水塘的自然景觀，不久之後，卻彷彿遭逢被壓抑的能量反撲。在時髦的新房底下，那些從邦克山挖來的「良田沃土」中，微生物正靠著大水塘早期殘留下來的有機物質進行作用，因為地底下埋藏著腐爛的動物屍體和其他來自濕地的生物質（biomass）。

這些微生物在地面下運作，在地面上造成了兩個問題。首先，隨著生物質分解，上方的房屋開始下沉。再來，由於房屋下沉，土壤開始飄出腐臭的氣味。光是毛毛細雨就能讓地下室因潮濕的沼澤水而淹水，而附近居民爆發斑疹傷寒也已是司空見慣。在短短幾年之內，富裕的居民紛紛搬離此區，房價暴跌。這一區很快吸引了紐約最貧窮的居民，像是逃離南方奴隸制度的非裔美國人，以及來自愛爾蘭和義大利的新移民。在骯髒、不斷惡化的基礎設施環境中，這一區因犯罪和道德敗壞而臭名遠播。到一八四〇年代，當狄更斯來到這裡時，這裡已經成為美國最著名的貧民窟：五點地區（Five Points）。

五百年的決策錯誤

實際上，大水塘的故事在某種程度上是一個關於決定，或者說，是關於兩個決定的故事。雖然這兩個決定並不是同時發生，也不是由一個人來裁定的。但是為了長話短說，我們可以把它們簡化成二選一的問題：我們是應該保護大水塘，把它變成公園，還是應該把它填平處理掉？這項決定留下的後果，在兩百多年後的今天，繼續影響著在該地區生活和工作的紐約人。如今，曾經被五點地區不良分子占據的土地上，有了更衛生、但並不熱鬧的公家機關和一般的辦公大樓。但是，想像一下，曼哈頓下城有一片綠洲，也許像波士頓公園（Boston Common）那麼大，那裡有著風景如畫的池塘，池塘邊是岩石峭壁，高度與周圍的人造建築物相當。我們現在喜歡把五點地區的時代賦予傳奇色彩，但是如果沒有填平水塘，紐約的幫派也會找其他地方聚集。此外，儘管地下微生物引發房價崩跌確實有助於吸引移民，使這座城市成為真正的國際大都會中心。但是除了五點地區便宜的房價之外，還有其他因素推動人口湧入該地區。而且，城市鄰里社區的人口樣貌和建築形態仍可能出現重大改變，甚至每隔幾個世代就會進行自我改造。但是一旦填平了池塘，就永遠無法復原。

如果朗方的計畫得以實行，那麼大水塘公園完全有可能成為當今世界上最棒的城市田園風景之一。像是位於華盛頓特區的國家廣場（National Mall）也是朗方設計的，每年吸引數百萬遊客。事實上，正規城市公園的壽命可以超過城堡、公墓或碉堡。比方說，建立中央公園和展望公園（Prospect Park）的決定可追溯至一百五十年前，如今它們仍繼續造福紐約人，而且有充分的理由相信，這些公園在未來的幾百年後，也幾乎能不受影響、完好無損地保留下來。一五七四年，類似大水塘的情形也發生在西班牙塞維亞市（Seville）的濕地，這塊地被改建為城市公園，當時巴拉哈斯伯爵（Count of Barajas）把沼澤的水抽掉，導入灌溉渠道，並建造了一條長廊，兩旁種滿了白楊樹。這座公園與許多類似的城市空間一樣，在一九七〇年代經歷過黑暗的時期，成為毒品和犯罪的巢穴，但如今它又繁榮起來了。這近五百年來，這座公園彷彿是一座樣貌不變的島嶼，處在不斷發生城市變化的汪洋中，唯有街道歷久不衰。

當你回頭來看時，很難不覺得填平大水塘的決定是一個五百年來的錯誤。但是，這個錯誤最終的根源在於，當時的人們沒有充分地思考這項決定，就否決了朗方的計畫，並掩埋水塘，導致該做的沒做、不該做的卻做了的混亂局面。沒有人是故意要汙染淡水的，大水塘的消失是公共領域的負面教材。朗方的計畫之所以無法進行，並不是因為市民不想看到他們的水塘被保存下來，而是因為一些投機者對於曼哈頓的未來發展過於目光短淺。

眾所周知，在二十一世紀，我們長期處於注意力短暫的狀態，但事實是，我們今天在做出這類決定時，會做得更好。像水塘這樣的地理要素對曼哈頓市中心的生態非常重要，如果沒有經過廣泛的環境影響分析，是絕對不會遭到破壞的。現在的做法是會召集利益相關者來討論替代的土地使用方案，並邀請他們參與研討會等例行的群體決策活動。經濟學家會去計算當地商家的成本，或遊客造訪城市公園景點的潛在收入。而相關會議的參與者則是運用決策理論作為指導。決策理論是一個不斷發展中的科學領域，扎根於經濟學、行為心理學和神經科學，這個領域已經編纂了許多有用的框架，以制定這類長期決策。然而在十八世紀末，曼哈頓居民沒有任何相關資源。可以肯定的是，我們仍然有可能犯下遺留五百年的錯誤，但是我們現在擁有工具和策略，可以避免我們重蹈覆轍。

做出深思熟慮、長期決策的能力是智人（學名：Homo sapiens，意為「現代的、有智慧的人類」）少數真正獨特的特徵之一，可以與我們的技術創新和語言天賦相提並論，而且現在我們的決策能力愈變愈強。我們可以用智慧和遠見來面對這些漫長又困難的抉擇，讓兩個世紀前的城市規劃者驚訝不已。

古老的決策工具：利弊清單

那些漂亮的房屋開始在大水塘遺址下沉大約十年之後，一八三八年七月，達爾文坐在大西洋的另一岸，紀錄了一項決定，這項決定將間接改變科學史的方向。達爾文當時二十九歲，兩年前，他乘坐小獵犬號（HMS Beagle）環球旅行，從傳奇的航行中回來，幾個月後，他就在筆記本中勾勒出物競天擇的大綱，儘管這項發現他時隔二十年後才會發表。他在七月苦惱於一項決定，儘管嚴格來說，與物種起源的科學問題無關，但這次的決定對於往後他痛苦地延後發表物競天擇，發揮了關鍵的影響。這是另一種不同的決定，也是攸關生存的問題，但是更關乎個人：**我應該結婚嗎？**

對於這個決定，達爾文採取今天我們許多人都熟知的方式：他列出了一份利弊

清單，把筆記本中兩面對開的頁面分成兩欄，一欄主張結婚，一欄反對結婚。在「不結婚」的標題下，他列出了以下的論點：[2]

- 自由去自己喜歡的地方。
- 選擇與別人社交關係的深淺。
- 跟俱樂部裡聰明的人聊天。
- 不必探訪親戚，忙於瑣事。
- 養小孩會產生費用、引發焦慮。
- 可能會吵架。
- 浪費時間。
- 晚上不能看書。
- 變胖和懶惰。
- 焦慮與責任。
- 買書的錢變少等等。

- 如果孩子多了，就必須要多賺錢（但是，工作過量對健康有害）。
- 也許我的妻子不喜歡倫敦，這樣我等於被宣判放逐，墮落成無精打采、無所事事的笨蛋。

而在「結婚」標題下，他整理出以下清單：

- 膝下有子女（如果上帝應允）。
- 關心我的固定伴侶（老來有伴）。
- 被愛和一起娛樂的對象，反正比養狗好。
- 有個家，還有人打點屋子。
- 享受音樂、跟女人閒聊，這些事情對健康有益，但會浪費很多時間。
- 天啊，想到一生都花在工作上，像蜜蜂一樣，工作、工作、工作，到頭來什麼也沒有——不行、不行，不要這樣。
- 想像一下，一個人整天住在煙霧瀰漫、骯髒的倫敦房子裡。

- 想像一下，有個溫柔的好妻子坐在沙發上，旁邊有溫暖的爐火，可能還有書籍和音樂相伴。
- 把這個畫面與倫敦大萬寶路街（Great Marlborough Street）骯髒的現實比較一番。

達爾文這段對情感的描述至今仍保存在劍橋大學圖書館的檔案中，但我們沒有證據顯示，他實際上如何權衡這些相互競爭的論點。我們確實知道，他最終做出的決定，不光是因為他在頁面底下潦草寫出「結婚、結婚、結婚，證明完畢」，而是因為他確實在寫下這些話的六個月後，就與艾瑪・威治伍德（Emma Wedgwood）結婚。婚禮代表著兩人結為夫妻的開始，儘管這給達爾文帶來很幸福的生活，但同時也帶來了極大的思想衝突，因為他愈來愈不可知論的科學世界觀，與艾瑪的宗教信仰出現矛盾。

達爾文的雙欄技巧可以追溯到半個世紀前班傑明・富蘭克林寫的一封著名的信，信中回應了英國化學家和政治激進分子約瑟夫・普里斯特利（Joseph

Priestley）的諮詢。普里斯特利當時正考慮是否接受謝爾本伯爵（Earl of Shelburne）提供的工作機會，但這會牽涉到要他的家人從里茲（Leeds）搬到巴斯（Bath）東部的伯爵莊園。普里斯特利與富蘭克林是多年的朋友，因此在一七七二年的夏末，他寫信給當時住在倫敦的富蘭克林，請他就這一項重大的工作變動給予意見。富蘭克林向來是自我改善技巧的大師，他在回信中，立場中立，而且提供了一種做出決定的方法：

在這件對你如此重要的事情上，你詢問我的建議，我不能因為沒有足夠的前提，而建議你如何是好，但是如果你願意，我會告訴你怎麼做。

當這些困難的情況發生時，它們之所以困難，主要是因為，當我們在考慮時，所有贊成和反對的理由都不會同時浮現在腦海中，有時頭腦會出現一些理由，而其他時候又是別的理由，這時候前面的理由就被拋在腦後了。因為不同的目的或傾向會輪流占據我們的腦海，所以不確定性使我們感到困惑。

為了克服這種情況，我的方法是在一張紙上畫一條線，分成兩欄，一欄列出贊成的理由，另一欄列出反對的理由。然後，在考慮的三、四天當中，我根據不同的時間，出於不一樣的動機，在相異的標題下，簡短記下贊成或反對的理由。然後，當我把所有理由呈現在一起時，我會努力估計它們各自的權重。若我看到兩個看似權重相等的理由，分別出現在兩欄時，我會把這兩個理由劃掉。如果我發現一個贊成理由的權重等於兩個反對理由的權重時，就劃掉這三個理由。如果我評斷兩個反對理由的權重加總，等於三個贊成理由的權重加總，那我就劃掉這五個理由。這樣進行下去，我終於看到剩餘的理由。如果經過一、兩天的深思熟慮之後，贊成和反對兩欄都沒有重要的新理由出現，那麼我便依此做出決定。

雖然理由的權重並不能以精確的代數值來表示，但是當每一個理由都從個別和互相比較的角度來考量，事情的全貌就擺在我面前。我認為我可以據此做出更好的判斷，也比較不會做出輕率的舉動。我們可以稱這個方法為「道德代數」或「審慎代數」，它確實對我很有益處。[3]

如同之後多數在紙上寫下利弊的方法一樣，達爾文一連串「結婚／不結婚」的敘述，似乎並沒有完全運用富蘭克林複雜的「道德代數」方法。富蘭克林使用的是一種原始、但仍然有效的「加權」技巧，承認某些論點不可避免地會比其他論點更重要。在富蘭克林的方法中，「權衡」階段與在兩欄中分別寫下正反理由的最初階段一樣重要。但是，達爾文似乎直覺地計算出理由各自的權重，大概他認為從長遠來看，有小孩比「跟俱樂部裡聰明的人聊天」更重要。從簡單的算數來看，達爾文抉擇中的「反對」欄比「贊成」欄還多出四個理由，但是他腦海中的道德代數似乎壓倒性地決定要結婚。

我覺得，我們大多數人都曾在個人或職涯的十字路口前，寫過利弊清單。（我記得我父親在我讀小學的時候，曾經在黃色的便條紙上教過我這個方法。）然而，富蘭克林的權衡舉動（劃掉相同權重的論點）基本上已被歷史所遺忘。利弊清單最簡單的形式，通常只是統計論點的數目，並確定哪一欄的論點比較多而已。但是，無論你是否結合了富蘭克林更先進的方法，利弊清單仍然是判定複雜決策時，人們經常學到的少數方法之一。對於我們許多人來說，做出困難抉擇的「科學」已經停滯了兩個世紀沒有進步。

馴服直覺的深思熟慮

回想一下，你根據達爾文或普里斯特利的思路所做出的決定。也許那時你在權衡，要不要離開目前這份舒適卻無聊的工作，去更有趣、但難以預測的創業公司上班；或是你花了很多時間在考慮，要不要進行風險和好處參半的複雜療程；或是想想你做出有關公共領域的決定，例如在英國脫歐公投中投票，或是身為校董，你的職責需要辯論是否雇用這位新校長。你具備做出決定的**技巧**嗎？還是，你只是靠一連串非正式對話和思索事件的背景就做出決策？我覺得大部分人都會說是後者。最好的情況是，我們的方法與達爾文類似，在一張紙上分兩欄記下筆記，經過統計後得出結果。

要做出高瞻遠矚的選擇需要長時間的思索，因為其後果可能會持續數年，甚至數百年也不為過，例如大水塘的情況，但這種技巧竟出奇地被人低估。想一想，我們教高中生一長串的技能，好比如何分解一元二次方程式、如何繪製細胞週期圖、如何寫好文章的主題句。或者我們傳授的技能有更高的職業目標，像是電腦程式設計，或機械專業知識。然而，你幾乎不會看到針對決策這門技藝和科學的課程。儘管事實上，做出明智和有創意決策的技能適用於我們生活的各個層面，無論在職場、身為父母或家庭成員、在公民生活中身為選民、維權人士或民選官員，或是我們對每月預算或退休計畫的財務管理皆然。

頗具諷刺意味的是，近年來，與決策相關的暢銷書激增，但其中大多數集中在一種截然不同的決策上，像是《決斷2秒間》（*Blink*）和《大腦決策手冊》（*How We Decide*）等，書中介紹的快速判斷和直覺印象，很多都是源自安東尼歐・達馬吉歐（Antonio Damasio）和約瑟夫・李竇（Joseph LeDoux）等科學家，根據情緒的腦（emotional brain）❶所做的創新研究。丹尼爾・康納曼（Daniel Kahneman）著名的《快思慢想》（*Thinking, Fast and Slow*）一書中，提出大腦分為兩個不同系

---

❶ 情緒的腦，是人們決策與反應的路徑之一。它直接從視丘連結到處理情緒的杏仁核，使我們做出原始、直接、快速的情緒反應。

統，這兩個系統都與決策過程有關。系統一是直覺、快速行動、情緒化的部分，而系統二出現在我們必須有意識地仔細考慮情況的時候。這些無疑是很重要的思考分類法，但是康納曼的研究（大部分是與已故的阿莫斯・特沃斯基〔Amos Tversky〕合作），主要集中於系統一的特殊性和非理性。這種新的大腦模型有助於理解現代世界中困擾人們的各種失策。我們已經知道信用卡花招和掠奪式貸款機構如何操縱我們的大腦，也知道為什麼我們選擇某些品牌，而不選其他品牌，以及為什麼在決定是否信任剛認識的人時，有時候我們會被第一印象所誤導。但是，如果你認真讀過臨床研究，大多數科學背後的實驗往往聽起來是這樣的：

問題一：穩拿九百美元，或是有九〇%的機會得一千美元。你選哪個？

問題二：穩賠九百美元，或者有九〇%的機會賠一千美元。你選哪個？

問題三：除了你有的之外，你還得到了一千美元。現在，請你從以下選項中做出選擇：五〇%的機會得到一千美元，或著穩拿五百美元。

問題四：除了你有的之外，你還得到了兩千美元。現在，請你從以下選項中做出選擇：五〇%的機會損失一千美元，或著穩賺五百美元。[4]

此類實驗的例子夠用來寫一整本書，而相關研究成果也確實令人大開眼界，有時甚至是違反直覺的。但是，當你通讀研究報告時，會開始注意到反覆出現的缺失：給實驗對象的選擇，沒有一個像是掩埋大水塘的決定，或像普里斯特利選擇是否接受新的工作機會。相反的，這些決定總是採取小難題的形式，更像是你在二十一點賭桌上所做的選擇，而非像達爾文在筆記本上考慮的那種。像行為經濟學這樣的領域都是建立在這些抽象實驗的基礎上，科學家要求受試者對一些隨意選定的結果下注，每個結果都有不同的機率。不過，很多測驗問題採用這種形式是有原因的，因為這些都是可以在實驗室中進行的決策問題。

但是，當我們回顧自己人生的軌跡和歷史事件時，我認為大多數人都會同意，到頭來最重要的決定並不會（或者至少不應該）極度依賴本能和直覺，而是需要經過緩慢思考，而不是倉促地決定。雖然這些決定毫無疑問會受到直覺反應這道情緒捷徑的影響，但是做決定要依靠的是深思熟慮的思考，而不是即時的反應。我們之所以花時間做決定，正是因為它們是涉及到多個變數的複雜問題。對研究人員來說，這些特性必然使決策背後的邏輯和情緒網絡變得更加不明朗，因為明顯的倫理和實務限制，使科學家很難去研究範疇複雜的選擇。在實驗室中，要求某人選擇一種糖果，而不是另一種糖果，很容易做到。但要求某人決定是否要結婚，在實驗設計上卻困難得多。

但這並不意味著，自普里斯特利的時代以來，我們在做出困難選擇時，可用的工具沒有大幅改進。在這個跨學科的領域中，大部分重要的研究都是針對中小型群體的決策，比方說：業務團隊爭論是否要發表新產品、軍事顧問團權衡不同的入侵選擇、社區委員會試圖決定適當的中產社區發展準則、陪審團裁定一般平民有罪或無罪。出於充分的理由，這類型決策被正式地描述為「審議式」決策。當我們在陪審團審判中，首次遇到被指控的竊賊時，我們可能會從這個人的舉止或面部表情，或者從我們對犯罪和法律的既有態度，本能地認定對方有罪或無罪。但是，為了促進慎重決策而策畫的系統，因為其經過專門設計，可以防止我們天真地落入那些先入為主的假設中（畢竟這樣的假設不太可能引導我們做出正確的決策）。在做出判斷之前，我們需要時間來思考，權衡各種選擇，聆聽不同的觀點。

我們不需要完全依靠社會心理學的實驗，來培養我們的決策能力。近代歷史上有很多案例研究，案例中的群體做出了複雜的決定，他們特意採用了專門的策略和常規，讓人們能獲得更具遠見的結果。透過研究這些決策，我們可以學到很多東西，像是把這些技巧運用到自己的選擇中，或是運用這些知識，來評估我們的領導人、同事和彼此之間的決策技巧。你可能從未在政治辯論或股東大會上，聽到候選人或主管被問到如何做出決定，但是到頭來，對於任何領導職位來說，或許沒有比這更有價值的技能了。勇氣、魅力、智慧，這些是我們在要投票給某人時，會考慮的常見特質，但這些特質與另一個基本問題相比，顯得黯然失色：在面對複雜的局勢時，此人會做出正確的選擇嗎？畢竟，當我們走到人生困難的十字路口時，才智、信心或直覺只能有限度地帶領我們。從某種意義上來說，考量個人的特質還不夠。美國前總統小布希曾脫口說出「決定者」（decider），❷被人當作笑柄，但真

❷ decider 通常是指比賽中，決定勝負最後一局的比賽。小布希借來當作「決策者」用，有誤用之嫌，不是好的英文，使用 decision-maker 一字較好。

正的「決定者」在複雜的情況下需要的，並不是決策的**才能**。相反的，他需要的是**常規**或**做法**，亦即一套面對問題、探索問題的獨特屬性、權衡各種選擇的特定步驟。

事實證明，觀看一群人為複雜的決定而互相拉鋸時，有一股強烈的戲劇張力。（我們接著會看到，一些文學著作中最震撼的段落就捕捉到這種經歷。）但是，這種較緩慢、更沉思的敘事常常被更突然的事件所掩蓋，如激烈的演講、軍事入侵、戲劇性的產品發表。我們跳轉到複雜決策的結果，而忽略了決策的歷程。但是有時候，最重要的是，我們需要把時間倒帶來好好研究。

突襲賓拉登的決策啟發

二〇一〇年八月，巴基斯坦的信使易卜拉欣・賽義德・艾哈邁德（Ibrahim Saeed Ahmed），又名「科威特」（而且他還有其他的化名），從乾旱的山谷城市白沙瓦（Peshawar）向東開車兩個小時，到達亞波特巴德（Abbottabad）所在的薩班山（Sarban Hills）。由於中情局發現他與賓拉登和蓋達組織其他的核心分子有聯繫，所以多年來，科威特一直是中情局注意的對象。一名為中情局收集情報的巴基斯坦線人在白沙瓦發現了科威特的白色鈴木吉普車，在沒有被發現的情況下，這名線人一路跟蹤他到亞波特巴德的郊外，最終跟到一條泥巴路，通往一棟破舊的大院，大院周圍是四．五公尺高的水泥牆，上面還架著鐵絲網。科威特進入大院後，這名線人向中情局回報說，他的目標已被迎進一座比附近其他房屋保全更嚴密的建築物。這樣的環境似乎有些可疑。

這次敏銳的監視行動引發了一連串事件，最終導致二〇一一年五月傳奇的突襲行動並擊斃賓拉登，許多人以為賓拉登不得已要藏匿在洞穴中，其實他竟有辦法舒適地在大院裡生活了近五年。幾架黑鷹直升機在清晨降落在大院，襲擊這個不像是賓拉登窩藏的地方。這個故事被廣泛報導成執行出色、調適力極強的軍事行動，因為當時有一架直升機試圖在大院上空盤旋時墜毀，而這原本很容易導致災難性的失敗，但最後竟也任務成功。當晚採取的行動是一個勇敢、近乎完美的團隊合作，以及在難以想像的壓力下，快速思考的故事。它一直是好萊塢大片、高知名度電視紀錄片，以及許多暢銷書的主題，這並不令人意外。

但是，這次突襲背後更大的故事，不僅是當晚採取的行動，還包括九個月來決定襲擊亞波特巴德的辯論和審議，這有助於解釋為什麼在我們的學校和更廣泛的文化中，做出困難抉擇的才能會被普遍忽視。我們傾向於強調良好決策的**結果**，而不是決策的**過程**。突襲亞波特巴德是海軍海豹部隊和衛星技術等軍事機構與科技的勝利，這使他們能夠以足夠的精確度分析這個藏匿賓拉登的大院，並計畫襲擊。但是，在所有如此驚人的武力和膽識之外，是靠緩慢而又不那麼引人注目的過程，才使這次襲擊成功的，這個過程明確地展示了我們對困難抉擇的新理解。從衛星到黑鷹直升機，都是用最先進的技術來追蹤賓拉登。同樣的，制定決策的方法也是最先進的。諷刺的是，從襲擊的故事當中，我們大多數普通老百姓幾乎沒有什麼可學的東西。但是，這個襲擊的決策過程，所有一切都值得我們學習。我們絕大多數人永遠都不必趁著天黑，把直升機降落在一個小院子裡，但我們都會面臨艱難的人生決定。而中情局狙擊賓拉登的內部審議過程有值得我們學習的地方，能改善我們決策的結果。

當位於朗里（Langley）的中情局總部首度接獲消息，他們的線人已經追蹤科威特到亞波特巴德郊區的一個神祕大院時，中情局幾乎沒有人認為他們碰巧發現了賓拉登的真實藏身處。大家一致認為，賓拉登住在某個偏遠地區，與八年前美軍差點在托拉波拉（Tora Bora）抓到他的山洞很類似。大院本身距離巴基斯坦軍事學院不到一．六公里，周遭的許多鄰居都是巴基斯坦軍方的成員。巴基斯坦本來應該是美國在反恐戰爭中的盟友。這個策畫九一一陰謀的人怎麼可能住在巴基斯坦軍方社區裡呢？這似乎是荒謬的想法。

但是，早期對大院的偵查只是讓一切更神祕莫測。中情局很快就確知，該大院沒有電話線或網路，而且居民還會自己燒掉垃圾。科威特會在這裡出沒，可見這棟建築物與蓋達組織有一定的關聯，但光是建築成本估計就超過二十萬美元，這一點著實令人費解：為什麼現金短缺的恐怖分子網絡，會在亞波特巴德郊區的一棟建築物上花這麼多錢？根據美國記者彼得．卑爾根（Peter Bergen）對於追捕賓拉登的描述，美國中情局局長里昂．潘內達（Leon Panetta）在二〇一〇年八月聽取了關於科威特去了這棟大院的簡報，當時官員們有點激動地把這座大院描述為「堡壘」。這個詞引起了潘內達的注意，他命令官員們尋求「一切可能的行動途徑」，去找出是誰住在這道水泥牆後面。

最終，決定狙擊賓拉登的過程，是由兩個截然不同的決定所組成的。第一個決定像是在解謎：中情局必須判定，是誰住在這座神祕的大院內。一旦他們合理地確信，蓋達組織的領導人就住在這棟建築內，就要做出第二個決定：假設第一個決定是正確的，要如何進入大院，並捕捉或殺掉賓拉登。第一個決定是認識論的問題：我們要怎樣才能**肯定**住在地球另一端建築裡的人的身分？做出這個決定涉及到偵探工作，得把各種來源的線索拼湊在一起。第二個決定圍繞行動計畫及其後果：如果我們只是用B-2幽靈轟炸機來炸平大院，能確定賓拉登就在那裡嗎？如果我們派出一支特別行動小組來捉拿他，但他們在地面上遇到麻煩，怎麼辦？即使他們成功了，他們是否應該嘗試活捉賓拉登？

碰巧的是，這裡每一項決定都受到過去一個類似決定的影響，而當年那個決定犯下了嚴重的錯誤。在八年前，小布希政府曾做出過類似的認識論決定，即海珊是否擁有大規模毀滅性武器？大家爭論不休，但後果是一場災難。對大院發動突襲的決定，呼應了前總統卡特時代，出動直升機營救伊朗人質，卻以失敗收場，以及前總統甘迺迪糟糕的豬玀灣事件。這些決定是由聰明人做出的，他們善意地努力做出正確的決定；這些決定也是經過了幾個月的商議，但最終卻以災難收場。從某種意義上來說，你可以把突襲賓拉登行動的最終勝利，視為罕見的例子，是政府機構刻意改進過去錯誤的決策**過程**，從失誤中吸取教訓。

決策的關鍵兩階段

事實證明，許多困難的選擇都包含內部決策，這些決策必須分別裁定，並且通常按照某種預定的順序進行，就像亞波特巴德的突襲事件一樣。要想做出正確的選擇，你必須想好，如何合理地制定決策的架構，這本身就是一項重要技能。在追捕賓拉登的過程中，中情局必須做出決定，是誰在大院裡，然後必須決定如何進攻大院。而每個決定本身都是由兩個不同的階段所組成，有時分別被稱為分歧階段和共識階段。在分歧階段，關鍵目標是藉由探索，來展現新的可能性，並公開地提出盡可能多種的觀點和變數。有時候，這些可能性以資訊的形式出現，可能會影響你最終選擇的道路；有時候，這些可能性是你在開始時並未想到的全新道路。在共識階段，開放心胸去探索新的可能性後，會扭轉方向，使得決策小組開始縮小選擇範圍，尋求在正確道路上的共識。而每個階段都需要一套獨特的認知工具和主動合作的模式，才能成功。當然，我們大多數人在腦海中根本不會把這兩個階段區分開來。我們只是看看各種選擇方案，開過幾次非正式會議，然後透過像是舉手或個人評估的方式，就做出決定。

在追捕賓拉登的過程中，中情局在調查這座神祕大院的兩個階段（是誰在大院，以及如何進攻大院），都刻意建立分歧階段。在潘內達第一次聽到亞波特巴德郊區的「堡壘」一詞後幾週，他的參謀長命令調查賓拉登的小組，想出二十五種不同的方法，來辨識大院的住戶。小組人員被明確告知，任何想法都不會太瘋狂。畢竟，這是探索階段，目標是提出更多的可能性，而不是縮小範圍。事實證明，分析師都非常願意提出一些天馬行空的點子。卑爾根寫道：「有一個想法是，投擲臭氣沖天的臭炸彈，把大院的住戶給熏出來。另一個是利用大院住戶可能有的宗教狂熱，從大院外的擴音器播放『真主之聲』，說：『你被命令出來到街上！』」[5]最後，他們提出了三十七種偷偷進入大院的方法。結果，大部分確認住戶身分的方法完全無用，是探索階段的死胡同。但是，有些計畫最終開闢了新的道路，其中一條道路最終導致賓拉登的死亡。

理性選擇神話

是什麼讓複雜的決定變得如此具有挑戰性？在前兩個世紀的大部分時間裡，我們對決策的理解主要圍繞在古典經濟學中的「理性選擇」概念。當人們在生活中面臨決策點時，無論是買車、搬到加州，還是投票贊成脫歐，他們都會評估可供選擇的方案，並考慮每個潛在結果的相對利益和成本（用經濟學的說法，就是每個選項的「邊際效用」）。然後，他們就選擇了勝出的選項：選一條道路，通往最有利的目的地，並以最小成本，滿足他們的需求或帶來最大的幸福。

如果你必須在我們的知識史上，點出一個古典經濟學基礎開始瓦解的時間點，你很可能會歸罪赫伯特．賽門一九五八年在斯德哥爾摩接受諾貝爾經濟學獎時所發表的演講。賽門的研究指出，「理性選擇」框架掩蓋了現實世界中，人們做出的選擇實際上是更為模糊不清的，所以他探索了各種會掩蓋的方式。賽門認為，為了使理性選擇有意義，需要四度懷抱著絕對的信念：

古典模型要求，決策者了解所有可供選擇的替代方案；它要求決策者，完全了解或有能力計算每種選擇所帶來的後果；它要求決策者，對當前和未來的結果評估有十足把握；它要求決策者，無論這些後果多麼多元化和混雜，要能夠以某種一致的效用衡量標準，來比較後果。

根據這些古典模式的要求，來想像例如掩埋大水塘的決定。決策者是否看到了所有潛在的選擇？決策者是否充分了解到每種潛在途徑的後果？當然沒有。如果你要決定今晚晚餐是買冷凍的披薩或菲力牛排，也許你可以把決策範圍縮小到一組固定的選項，並有合理可預測的結果。但是，在像大約一八〇〇年左右，曼哈頓居民所面臨的那種複雜情況，就不那麼容易計算理性選擇了。賽門提議用他所謂的「有限理性」（bounded rationality）概念，來補充理性選擇這個優雅（但過於簡略的）公式：決策者不能單純地認為，什麼都不做，然後選項的不確定性和沒完沒了的情況就會憑空消失，他們必須制定專門處理這些挑戰的策略。

在賽門發表演講後的六十年來，許多領域的研究人員都擴大了我們對有限理性的理解。我們現在知道，出於許多不同的原因，高瞻遠矚的決策具有挑戰性。這樣的決策涉及許多相互作用的變數，因此我們需要對不同的經驗和層面進行全面地思考，也迫使我們以不同程度的確定性來預測未來。有遠見的決策，特點往往是彼此目標衝突，或乍看之下，看不到可能的有用選項。而且，個人「系統一」的思維和團體迷思的缺陷，也很容易讓決策受到扭曲。因此，做出高瞻遠矚的決策之所以困難，有八個主要因素。

八大決策挑戰

一、**複雜的決策涉及多個變數**。當我們思考那些經典的實驗室決定，如「穩拿九百美元，或是有九〇%的機會得一千美元」時，我們的大腦確實有一些巧妙的方法，引導我們做出非理性的選擇，但是該選擇中沒有隱藏的因素，也沒有需要被發掘的層面。即使是不可預測的因素，像是有九〇%的機會得到一千美元，也是經過明確定義的。但是，在困難的選擇中，例如如何處理大水塘、如何確定賓拉登住在亞波特巴德等問題，可能有數百種影響決策及其最終後果的潛在變數。甚至選擇親密伴侶也可能涉及很多因素，像是達爾文的利弊清單就計算出婚姻對他的影響，如在俱樂部的社交生活、有小孩的渴望、財務穩定、對浪漫伴侶的需求，以及他的知識野心等等。在許多複雜的決策中，關鍵變數一開始並不明顯，必須要發掘出來。

二、**複雜的決策需要全方位的分析**。把人類經驗的許多層面，想像成可以聽見的聲音，在音頻範圍中有不同的頻段。當我們調整錄音中的音色時，會選出特定的頻段：把低頻率的聲音調低一點，就可以使低音不隆隆作響，或提升中音頻率，以便聽到人聲的部分。音樂製作人擁有外科手術般精確的工具，可讓他們針對非常狹窄的頻段，進行調整。這些工具可讓你從混音中挑出一百二十赫茲的嗡嗡底噪電流聲，而不會動到其他的聲音。對於聲音，有兩種極端的聽法：小範圍和全方位。你可以剔除混音中其他所有的聲音，只聽嗡嗡聲，也可以聆聽整個樂隊的演奏。

決策也可以用類似的方式來想像。在平常的日子，你做出的大量決定主要是小範圍的，例如選擇特定品牌的番茄醬，或決定早上通勤時所走的路線。但是，生活中真正重要的決定、那些困難的選擇，不能用單一的層面來理解。不光是因為它們不僅包含多個變數，而且這些變數也有完全不同的參考框架、橫跨不同的領域。想想看投票，或陪審團要裁決的公共決定。為了做出正確的決定，你需要逼自己跳脫小範圍的優先事項，也必須從多個角度來思考問題。比方說，投票給候選人時，你需要考量競選中政治人物的氣質、經濟地位，以及對你荷包的影響、在他們任職期間的國際情勢、他們與政府團隊合作的能力，以及許多其他變數。而陪審員必須在認知上從法醫證據的微觀領域，轉移到晦澀難懂的法律先例，再到用推測人心的直觀心理學，解讀台上證人的面部表情。我們大多數人都有強烈的衝動，會局限自己從小範圍進行評估：「她看起來就是有罪」、「我要投票給會降低我稅負的人」。但是，當我們擺脫單一層面的短視時，我們會做出更好的決定。

三、**複雜的決定迫使我們預測未來**。不論決定的大小，大多數決定基本上都是對未來的預測。我選擇香草冰淇淋，而不是選擇巧克力口味，是因為經過長期經驗的調整，我可以準確地預測，我喜歡香草口味更勝於巧克力。但美國政府突襲巴基斯坦的私人住宅的後果，就不那麼容易預測了。另一方面，現代的環境規劃師在權衡掩埋大水塘的決定時，很可能會把微生物考慮進來，因為清理飲用水要消除其中的有害細菌，但是環境規劃師似乎不太可能考量到，微生物會分解掉五點地區地底下的填充物，從而引發附近房價的崩盤。這些正是混沌系統的定義：它們包含了成千上百個獨立變數，所有這些變數都被鎖定在互相牽連度高的反饋關係中，在這當中小小的因素就可以觸發無法想像的巨浪。

四、**複雜的決策涉及不同程度的不確定性**。在許多行為經濟學的典型實驗室實驗中，心理學家可能會對正在研究的決策，導入一定程度的不確定性，但是這種不確定性本身也是經過明確地定義：如果你選擇九〇％確定的選項，而不是肯定的選項，你會確切地知道自己願意容忍多少程度的不確定性。但是在現實世界中，複雜的決策必然涉及不同程度的不確定性。如果你打算從紐約搬到加州，可以肯定的是，如果搬家，以後冬天的平均氣溫會更溫暖。但是小孩是否能在加州的公立學校表現良好，這個問題必然更加模糊不定。然而，在許多情況下，不確定性最高的結果，卻是最令我們在意的。

五、複雜的決策通常涉及相互衝突的目標。小範圍決策很容易，因為你沒有來自不同層面的信號交織在一起。你不必考慮微生物會改變房地產的價值，也不必考慮自己身為科學家的職業抱負，可能會影響到婚姻以及與配偶的親密關係，因為小範圍決策的因果關係鏈比較簡單。但是，由於人們常常立場不同，擁有不相容的價值體系，因此要考量所有的層面就很困難。當你只計算事情對自己情緒的影響時，要按直覺去做決定很容易。但是，當你的內心與政治、群體關係或財務需求（或三者全部）發生衝突時，這時要下決定就困難得多。當然，當決策涉及多個利益相關者，或整個群體時，這些衝突會變得更加嚴重。

六、複雜的決定蘊藏著未被發現的選項。正如赫伯特・賽門所言，困難的選擇也讓我們困惑，因為可供我們選擇的選項常常不夠完整。乍看之下，似乎是有一組二擇一的選項：選擇A，或選擇B。但是，通常最好的決定，是能在互相競爭的因素當中，找到最巧妙的平衡點，而往往那會是一開始沒人想到的選項。

七、複雜的決策容易讓人落入系統一的缺失。對於考慮複雜決策的個人，系統一思維的習性會扭曲我們描繪選擇的方式，或曲解檯面上選項的潛在優點。當我們面對真正的抉擇十字路口時，所有讓我們輕鬆解決生活中簡單問題的捷徑，例如損失規避、確認偏差（confirmation bias）、可得性捷思法（availability heuristic），[3]這時都可能成為絆腳石。

八、複雜的決策容易受到集體智慧（collective intelligence）失誤的影響。想當然，群體可以貢獻更廣泛的觀點和知識。大型多元化的群體對於決策的分歧階段極其重要，因為群體可以帶來新的可能性，揭示看不見的風險。但是，群體容易遭受自身許多失誤的影響，包括由於人類互動的社會動態關係，而引起的集體偏見或曲解。「團體迷思」成為貶義詞，是有原因的。正如我們會看到，許多為加強複雜決策能力而開發的技術，都是經過專門設計的，目的是避開潛在的盲點或群體行為的偏見，並發掘出優秀成員所擁有的廣泛知識。

上述八個因素使得無數的長期決策最終以失敗收場。儘管在處理困難的選擇時，幾乎不太可能避免上述所有因素。但是，自從賽門首次提出有限理性的概念之後，這幾十年來，許多領域的決策者已經發展出一套做法，幫助我們避開其中一些因素，或者至少鞏固我們的船隻，讓它即使在安全入港的途中碰上了免不了的碰撞時，也能將傷害減輕。

克服決策挑戰的三大步驟

用最簡單的方式來說，審慎決定涉及三個步驟，[6]其專為克服艱難選擇中的特

---

❸ 確認偏差，指人們會尋找支持既有信念的證據與資訊，並忽略與自身想法衝突的資訊；可得性捷思法，指人們愈容易想到某類事件，就會判斷它發生的機率愈高。

殊挑戰所打造。首先，我們為所有變數建立精準、全方位的**地圖**，以及可行的潛在路徑；其次，考慮到所有發揮影響力的變數，我們**預測**這些不同的路徑可能的方向；最後，透過權衡各種結果與我們首要的目標，我們就能根據一條路徑來**做決定**。本書前三章大致按照大多數決策路徑所遵循的順序，探討了做出這些群體決策的技巧，分別是：籌劃（即繪製地圖）、預測和最終做出選擇。最後兩章則針對兩個極端情況的決策，做了更詳細地推理檢視，分別是：問題範圍更廣的大規模決策，例如我們在處理氣候變化時面臨的決策，以及個人決定，例如達爾文在筆記本上苦思的問題。

英國作家喬治・艾略特（George Eliot）在《米德鎮的春天》（*Middlemarch*）的前半部分有一幕精彩的場景，捕捉到了複雜決策的挑戰。（我們之後會回頭來看《米德鎮的春天》，並討論該小說最後一章一個更著名的決定。）這個場景是在一八三〇年代，英國一位雄心勃勃的年輕醫生特蒂斯・利德蓋特（Tertius Lydgate）的內心獨白，當時他在取捨一個特別令人煩惱的群體決定：是否用尼古拉斯・布爾斯特羅德（Nicholas Bulstrode）支持的新牧師泰克（Tyke），來取代和藹可親的本地教區牧師卡姆登．費厄布拉澤（Nicholas Bulstrode）？偏偏布爾斯特羅德是鎮上偽善的銀行家，也是利德蓋特所在醫院的主要金主。利德蓋特已經與費厄布拉澤建立起友誼，儘管他不贊同這名牧師的賭博習慣。隨著鎮議會會議的來臨，利德蓋特在考慮自己的選擇：

他不想跟布爾斯特羅德交惡，這樣會破壞自己的崇高使命，但他也不想投票反對費厄布拉澤，剝奪費厄布拉澤的職務和薪水。問題是，額外的四十英鎊收入能否使這名牧師遠離賭桌那種不高尚的興趣。此外，利德蓋特還想到，他投票給泰克，明顯是為了自身利益。但是到頭來，這真的對自己有利嗎？別人會這麼說他，還會說他在討好布爾斯特羅德，只為了讓自己往上爬，出人頭地。那又怎樣呢？就他自己而言，他知道，如果只涉及個人前途，他是毫不在乎銀行家把他當朋友，還是敵人。他真正在乎的，是他的工作環境，因為那是他實現抱負的條件。畢竟，他的目標不就是成立一家好醫院嗎？有了好醫院，他就可以證明發燒的具體特徵，並測試治療的效果，這難道不比牧師任期的問題還重要嗎？利德蓋特第一次感受到，小鎮的社會牽制帶來千絲萬縷的壓力，以及令人洩氣的複雜情況。[7]

首先，這裡引人注目的是，作家細微地描述出要下決定的心態，所有「千絲萬縷的壓力」都被鉅細靡遺地刻畫出來。（實際上，以上摘錄只是艾略特描寫利德蓋特思索這項選擇的一小段落，而相關敘述占據了該章相當的篇幅。）但是壓力其實來自更廣泛、更多重的影響力，超出個人的範圍。光是在這一段中，利德蓋特就苦思了他與費厄布拉澤的個人情誼；在道德上，他反對費厄布拉澤沉溺賭桌的弱點；他擔心被人看成是把票投給自己金主，從而承受社會汙名；在公共事務論壇上背叛金主的經濟成本；如果布爾斯特羅德要對付他，會對他追求知識的抱負造成威脅；由於他對「發燒的具體特徵」的科學知識不斷增加，因此有機會改善米德鎮居民的健康。這是個二擇一的選擇：費厄布拉澤或泰克。但是，影響他選擇的一系列因素分散在多個層面，從私交的親密度到醫學科學的長期趨勢。利德蓋特本人的目標相互矛盾，進一步讓選擇更加困難：他希望自己的醫院得到資金，但是他不想因為「討好」銀行家，而被鎮上居民嘲笑。

從利德蓋特飽受折磨的內心獨白可以看出，他的內心在困難抉擇的籌劃和預測階段中掙扎。利德蓋特仔細思考了決策的各個層面，並推測如果他做出這個選擇，而非另一個選擇，會發生什麼事。在利德蓋特的腦海中，就如同達爾文的利弊清單一樣，這兩個階段合而為一。但是事實證明，當我們分別考慮這兩個階段時，情況會好得多。首先，我們繪製決策影響圖並列出所有「千絲萬縷的壓力」，然後預測這些壓力可能造成的未來結果。

懷疑論者可能會說，複雜的決策有其特別之處，基本上沒有通用的解決辦法，而他們會這麼說並非沒有道理。變數根本就太多了，而且它們又以非線性的方式相互作用，因此無法把它們歸類於可預測的模式。問題的複雜度使決策變得獨特，每個長期的決策都好比是一片雪花，或者是一枚指紋，它們獨一無二、永不重複，彼此之間差異極大，所以我們不能把決策納入公式化的類別。比方說，托爾斯泰的《戰爭與和平》中有一段令人難忘的段落，其中安德烈公爵就採取了上述立場，對俄國將軍自認為已掌握「戰爭科學」提出挑戰。早在赫伯特．賽門發表諾貝爾獎演說之前，安德烈公爵就提問：「在條件和情況未知的情況下，也無法確定有效的因素時，怎麼可能會有理論或科學呢？」

托爾斯泰有意地問了一個反問句，但是你可以視本書為試圖提供適當的答案。答案的一部分是科學賦予了我們工具，可以更好地感知複雜情況的細微差別，而這些工具在托爾斯泰或達爾文的時代是不存在的。儘管每枚指紋都獨一無二，但這個事實並沒有阻止科學家去了解指紋如何形成，甚至也沒有阻止科學家去了解，為什麼指紋會有如此不可預測的形狀。但是，指紋科學領域最重要的進步，是我們區分所有指紋的能力飛速地進步，可以從獨一無二的渦紋，來分辨不同人的指紋。科學並不一定可以把世上的繁亂複雜，壓縮成簡潔的公式，就像托爾斯泰筆下的將軍們，他們試圖把戰場的混亂壓縮成「戰爭科學」一樣。但有時候，科學能擴展到不同領域；有時候，科學可以幫助我們理解生活的細節，包含那些所有可能被疏忽的細節。本書把科學研究運用在制定決策，主要就是運用這種擴展的模式，這些研究能幫助我們擺脫偏見、刻板印象和第一印象。

但是，對於安德烈公爵的問題，答案的另一部分是承認他說得有道理。無論是戰場上的經歷，還是小鎮鎮議會辯論下一任教區牧師的經歷，科學的觀點無法揭示人類所有的經驗。正如托爾斯泰所言，在這些環境中，「一切都取決於無數的條件，而這些條件的含義會在某個特定時刻顯現出來，但沒有人知道那一刻何時到來。」每個人的一生是機會和環境的獨特混合體，好像雞尾酒一般，當其他酒精混進來時，一定會變得更加複雜。而當你把結果都歸納為化學反應時，必然會有所遺漏。

不過正如行為經濟學家想提醒我們的，不只是科學家，人類容易進行各式各樣的歸納。我們把複雜的現實狀況濃縮為簡短的捷思法，而這些方法在日常生活中往往對於出現頻率高、重要性低的決策很有效。因為我們是非常聰明且懂得自我反省的物種，所以很早就意識到，在真正重要的時候，我們需要協助來克服那些歸納式的直覺。因此，我們發明了一種名為講故事的工具。起初，我們的某些故事比科學還更簡單，那就是將現實生活的變動濃縮為典型的道德教化訊息，比如寓言、神話和道德劇等。但是歷經時日，故事變得愈來愈在描述生活經驗的真實複雜性、獨特處和千絲萬縷的壓力。這種進步的最大成就之一，就是出現寫實小說。當然，這就是安德烈公爵問題的潛在含義：「一切都取決於無數的條件，而這些條件的含義會在某個特定時刻顯現出來」，這句話很貼切地描述《戰爭與和平》和《米德鎮的春天》，兩者可以說是寫實主義的象徵性作品。小說之所以顯得真實正是在於，它沒有完全按照預期的方式進行，並把各種因素和不可預測的變數加以戲劇化。事實上，正是這些因素影響了人類在生命中最有意義的時刻所面臨的選擇。[8]

善用工具，把經驗提煉成智慧

當我們閱讀這些小說或內容同樣豐富的歷史人物傳記時，我們不僅是在娛樂自己，也是為了自己在真實世界的經歷進行排練。最重要的是，當我們面對人生困難的抉擇時，我們需要以嶄新的眼光來看待問題。現在，我們既有了這方面的藝術作品，也有了這方面的科學知識。我們有故事沒錯，像是寫實主義小說，不過我們也看到其他類型的故事被精心設計出來，幫助我們感知更大範圍的情況，並讓我們為不確定的結果做好準備。這些故事包括：情境規劃、兵棋推演、系集模擬（ensemble simulation）、事前驗屍（premortem）等等，這些都不應該被誤認為是偉大的技術，但是它們與寫實主義小說一樣，有一種近乎神奇的能力，使我們可以更清晰地觀察這個世界，看到指紋中每個渦紋真實的樣子。它們沒有給我們簡單的處理方法，但是它們確實提供了幾乎同樣有價值的東西：**演練**。

理解決策能讓你增長智慧，因為它像是人生曾出現的一些十字路口，無論那是來自你的個人經驗、朋友或同事的故事，或科學家臨床研究。另一方面，觀察如何以種種方式打破過去的決策機制、充分理解決策的獨特之處，同樣也會為你增長智慧。本書的假設是，這種觀察方式是可以學習得來的。

1

籌劃思維

就像任何形式的導航一樣，在面對困難抉擇的旅程中，最佳的啟程方法是擁有一張好的引導地圖。

「如果我們的視覺和知覺，對日常生活的所有現象都那麼敏銳，那就好比我們能聽到草生長的聲音和松鼠的心跳聲，甚至平靜之下的咆哮也會置我們於死地。實際上，即使是最敏銳的人，在生活中也是反應遲鈍的。」

——喬治・艾略特，《米德鎮的春天》

早在布魯克林成為美國屬一屬二人口最密集的地區之前，它還是一個坐落在山崖上樸實的小村莊，俯瞰著紐約這個繁榮的港口小鎮。而一條長長的茂密樹林貫穿了該區目前的邊界中心位置，從今天的綠蔭公墓（Greenwood Cemetery），經過展望公園，一直延伸到賽普雷斯丘陵（Cypress Hill）。當地人直接給它起了個作家托爾金（Tolkien）作品式的名字：高旺高地（Heights of Gowan）。

在地質構造上，高旺高地並沒有特別奇特之處。此高地的最高處僅比旁邊被冰川夷平的平原和長島的潮池，高出約六十公尺。然而在一七七六年夏天，這片高地登上世界歷史的舞台。就在幾個月前，英國人在波士頓遭受了恥辱的撤敗。

鑑於英國的海權優勢，英國要奪取紐約，是想當然的反擊行動。畢竟紐約不僅是北美殖民地的貿易中心，也是通往寬廣哈德遜河（當時稱為北河）的門戶。

紐約位於島嶼的頂端，面向廣闊的海灣，對於國王的艦隊是一個容易下手的目標。問題在於，如何守住這座城市。從長島今日的布魯克林高地堅固的山崖上，紐約市中心可能遭到不斷的攻擊。美國查爾斯・李將軍（Charles Lee）寫道：「若敵軍占領了紐約，而我們守住了長島，他們會發現幾乎不可能維持下去。」為了在沒有大量人員傷亡的情況下，繼續守住這座城市，英國總司令威廉・何奧（William Howe）最終需要攻下布魯克林。但布魯克林受到高旺高地的庇護，形成自然屏障的不是地形，而是山脊上覆蓋了溫帶落葉林茂密的樹冠。除了有高聳的橡樹、山核桃樹，地面上還有濃密的灌木叢。軍隊不會想在這樣的環境中，移動大量的人員和裝備，此外，如果戰事轉進森林，美國革命軍會占上風。

然而，高地並不是完美的路障。因為從南到北有四條路穿過森林，分別是：高旺努斯山道（Gowanus）、富萊布希山道（Flatbush）、貝德福德山道（Bedford）

和一個叫牙買加山道（Jamaica Pass）的小峽谷。如果英軍選擇不從海路直接進攻布魯克林或曼哈頓，他們可能會從狹窄的棧道，來調動他們的部隊。

從六月初就傳出消息，英國船隻離開加拿大哈利法克斯（Halifax）向南行駛，大家都很清楚英軍試圖要占領紐約。問題是，英軍會怎麼做。美國國父喬治·華盛頓在一七七六年漫長而寧靜的夏天，就面臨著這樣的決策問題。當時氣勢磅礴的英國艦隊（如音樂劇《漢米爾頓》（*Hamilton*）開場幾分鐘內出現的「四百艘船駛入紐約港」），在史泰登島下錨停泊。那華盛頓應該堅守曼哈頓，還是布魯克林？也許，他應該承認紐約無法防守，已經沒有希望，並把這場戰事轉向更有勝算的地方？

華盛頓正面臨一個全方位決策的經典例子，這個決定需要他同時在幾種不同的經驗層面上來思考。為了做出正確的決定，華盛頓不得不考慮這裡的地勢、山脊、山崖和海灘；他必須考慮東河惡名昭彰、不可預測的水流，若任何人試圖在紐約和布魯克林之間快速調動部隊，都可能因此受到嚴重傷害；他必須考慮戰爭的實際因素，即那些英國軍艦的大炮，以及他在紐約濱水區建立的防禦工事的堅固程度；他必須考慮部隊的士氣，以及在費城的大陸會議，向他發出指示，要求他不要交出如此寶貴的城市和港口。這項決定還有道德的層面：面對如此強大的敵人，華盛頓把這麼多年輕人送進一個很可能會喪命的戰場是對的嗎？

華盛頓有很多要考慮的變數，但他還有別的東西要考慮：時間。從英國人放棄波士頓的那一刻起，華盛頓就一直在苦思紐約的防禦問題。他於四月初到達長島最前端的百老匯一號，建立了指揮總部。早在英國艦隊出現前幾個月，華盛頓在李將軍和才華橫溢的納撒尼爾．格林將軍（Nathanael Greene）的建議下，一直在勘查和指揮紐約和布魯克林的防備。八月下旬，英軍總司令何奧將軍終於命令他的士兵進攻紐約時，華盛頓已經用了將近半年的時間，來思考堅守這座城市的最佳策略。

華盛頓最終做出決定，後來這證明是他職業生涯中最悲慘的策略。

為何戰敗？華盛頓的決策盲點

我們也能從文學和歷史中影響深遠的失敗決策來汲取教訓、從錯誤中學習，因為它們點出了破壞我們思緒的頑固特徵，或者展示出環境的缺陷如何導致我們選擇錯誤的道路。

一七七六年的夏天，華盛頓最初的錯誤，是在一開始就想堅守紐約。無論從哪個角度來看，這都是一個沒有勝算的理想。明智的做法是交出這座城市，因為英軍在人數上多出一倍，並且擁有制海權的優勢。李將軍在寫給華盛頓的信中說：「紐約四面環海，軍艦可以長驅直入。因此誰控制了水路，誰就控制了紐約。」但是在戰事初期，華盛頓似乎沒有考慮過放棄如此寶貴的戰略要地。

在華盛頓決心要守城之後，他在部署軍隊時，犯了一系列關鍵的戰略錯誤。華盛頓沒有果斷地判定，何奧將軍會直接進攻曼哈頓島，還是先攻占長島，所以他把軍隊分散在兩個地區之間。即使到了八月下旬，有消息指出，英軍已經登陸了今天科尼艾蘭（Coney Island）附近的格雷夫森德灣（Gravesend Bay），華盛頓仍然堅持英軍登陸長島不過是佯攻，何奧將軍真正的計畫是直接進攻曼哈頓。

不過，華盛頓確實在貝德福德、富萊布希和高旺努斯山道派出了更多的軍團，來保衛通往高旺高地的道路。每條山道都很狹窄，而且美軍防守嚴密，如果英軍企圖通過，會給何奧將軍帶來慘重的損失。但是，何奧將軍的眼光並沒有放在那些更直接通往布魯克林的路線。相反的，他讓絕大多數的英軍繞到高地的最遠處，到達了牙買加山道，這是軍事史上最厲害的側翼行動之一。因為華盛頓犯下生涯中最嚴重的錯誤，使得何奧將軍有機可乘。雖然華盛頓派出數千名士兵守衛其他三條山道，但牙買加山道入口處附近、人煙稀少的「旭日酒館」（Rising Sun Tavern），卻只派駐了五名哨兵。英軍不費一槍一彈，就擄獲了這五名哨兵。

一旦何奧將軍讓他的士兵通過崎嶇的峽谷，他就能夠從後方突擊革命軍。雖然布魯克林會戰又持續了七十二個小時，但從何奧將軍通過牙買加山道的那一刻起，戰役實際上已經結束。不到兩週之內，英軍就拿下紐約，儘管華盛頓確實有表現突出的一面，他靠著港口濃霧的掩護下，連夜把所有地面部隊從布魯克林撤退，這一次行動讓他得以保存大部分的人員，為後續的獨立戰爭保留兵力。布魯克林會戰最大的諷刺是：華盛頓最精明的決定，不是堅守紐約，而是迅速放棄紐約的信心。

歸根究柢來說，由於華盛頓的決定漏洞百出，以至於美國從未真正從中恢復過來，因為紐約一直到戰爭結束，都在英國的控制之下。不過，華盛頓最終確實戰勝了英國，儘管他從來都不是出色的軍事戰略家，但他隨後的決定，都沒有像他拙劣地堅守曼哈頓島那樣嚴重失誤了。為什麼他的決策能力，讓他在布魯克林會戰中如此慘敗呢？

在最初決定堅守紐約時，華盛頓似乎受到一種著名心理特質的影響，稱為損失規避。正如無數研究顯示，人類天生更傾向於抵抗損失，而不是尋求收益。在我們天生的心智中，似乎有某種東西固執地拒絕放棄我們已擁有的事物，即使放棄該事物符合我們長期的最佳利益。事實上，堅守曼哈頓的願望可能導致華盛頓犯下了軍事戰術上最基本的錯誤，因為把大部分部隊留在曼哈頓，則英軍在布魯克林遇到的兵力就大大減少。其實華盛頓唯一真正想要的是，加倍防守布魯克林，但由於無法容忍讓政治要地不受防的想法，於是他兩邊防守，然而這樣反而削弱了他的實力。

真正的謎團是，他為什麼在牙買加山道的部署上如此不堪一擊。為什麼他大費周章地鞏固通往布魯克林的道路，卻唯獨讓牙買加山道門戶大開？原來，答案要從病毒說起：在英軍發動攻擊的幾週前，格林將軍染上了肆虐美軍的「營地熱」，到了八月二十日，他的病情惡化到，必須撤離到紐約北部的鄉下休養。是格林將軍提出了最慷慨激昂的論點，認為英軍會試圖全面進攻長島，最關鍵的是，格林將軍是最了解長島地形的人。如果當時格林在華盛頓身邊，當美軍很清楚知道何奧將軍的軍隊正朝布魯克林前進時，牙買加山道的防守就太不可能如此脆弱。

在格林離開華盛頓的核心圈子去養病後，華盛頓對長島當地情況的感知能力，從根本上受到了折損。這是複雜決策中反覆出現的主題：當試圖要理解的問題，具有許多相互影響的變數時，我們常常無法直接感知所有的相關元素。因此，我們的決定是由代理人、解讀者以及其他專家建立起來的，因為他們會向我們報告評估的情況。而要做出正確的決策，其中之一就是學習如何理解所有不同的資訊。但是，同樣重要的是，要辨識出你的關係網中，不可靠的解讀者所帶來的漏洞。華盛頓的軍隊之所以受到英軍出其不意的攻擊，只是因為格林離開戰爭委員會後，華盛頓本人似乎不知道這會對他造成情報的損失。他不僅無法清楚了解長島的地形，也沒有意識到自己的眼光變得多麼差勁。

全方位思考工具：地圖、模型和影響圖

在做出艱難的決定時，我們都需要某種形式的心理圖。有時候，這是指真正的地圖。在亞波特巴德發現神祕大院後的幾個月，國家地理空間情報局（National Geospatial-Intelligence Agency）開始把這棟建築物及其地面的衛星監視資料，轉換為3D的電腦模型。[1]最終，根據該分析，他們做了一個實體模型，大小相當於一張牌桌，還有詳細做出牆壁、窗戶和樹木。（他們甚至拿一台玩具車，來代表科威特的白色吉普車。）事實證明，在解決誰住在大院裡的問題上，這個模型是有效的工具，而對於如何潛入這個地方，這個模型最終也被證明是不可或缺的。儘管正如我們將看到的，該模型無法解釋一個關鍵變數，而這項遺漏的資料幾乎讓這次的行動失敗。

有時候，地圖是更抽象的：我們在腦海裡建立一個眼前情況的模型，並勾勒出所有千絲萬縷的壓力。但通常在我們腦海的地圖是實體和抽象兼具的。比方說，陪

審團在謀殺案審判中的決定，可能涉及犯罪現場的實體地圖和所有其他要考慮證據的抽象地圖；決定推出新產品時，可能包括一張涵蓋所有可能銷售地區的地圖，以及一張抽象隱喻地圖，顯示開始生產該產品時，會涉及的複雜情況。

繪製困難選擇的地圖，通常是我們做出決定的第一步。我們繪製圖表，標示出參與決策及受到其後果影響的人。就華盛頓的案例而言，參與者是英軍和美國革命軍的敵對軍事力量。我們模擬了影響參與者互動的實際或情境力量，包含長島和曼哈頓的地形、天氣、柯林頓要塞（Fort Clinton）❶的大炮射程。我們評估了可能會影響關鍵參與者行為的心理或情緒狀態，比方說：美軍低薪，且準備不足，士氣消沉；而何奧將軍有發動突襲的鬥志。在困難的選擇下，這些地圖幾乎想當然一定是全方位的。華盛頓的選擇要求他考慮何奧將軍的個人心理；他手下的集體情緒狀態；他所擁有武器的技術實力；導致格林將軍病倒的「營地熱」所帶來的實際威脅日益嚴重；大陸會議向他傳達捍衛紐約的指令；沒有足夠強大的主權力量，所以無

❶ 革命軍在哈得遜河西岸建立的美國獨立戰爭堡壘。

法替軍隊募款的財務壓力；以及前殖民地與英國之間的衝突，這種歷史浪潮涉及的範圍更廣泛。

華盛頓在布魯克林會戰中的選擇具有重大意義，這是大多數群體決策很少會面臨的。畢竟，有數千人的生命危在旦夕，更不用說這個新國家會遭受不穩定的生活了。但是，他必須建立的思維圖，與我們在面對更平凡的決定時，腦海中建立的思維圖沒有太大的不同。它們都試圖模擬涵蓋各種經驗範圍的多變數系統，從我們同事的內心情感生活，到我們周圍社區的地形；從我們的政治世界觀或宗教信仰，到財務限制或機會等常見現況。就像任何形式的導航一樣，在面對困難抉擇的旅程中，最佳的啟程方法是擁有一張好的引導地圖。但是繪製決策地圖不等於決定。有鑑於整個系統中的變數，地圖最終應呈現的，是一組潛在的路徑。因此，想清楚該走**哪條**路，還需要其他的工具。

從這個意義上講，繪製地圖（籌劃）是決策過程中，顯示出分歧和多樣化的關鍵所在。在這個階段，你不尋求共識，而是盡可能擴大潛在因素的範圍，以及擴大最終的決策路徑。繪製地圖的挑戰在於，要跳出我們對眼前形勢的直覺框架。我們的大腦自然傾向於小範圍解釋，把整個局勢壓縮成一個主要範圍。認知科學家有時將此稱為錨定（anchoring）現象。當面對的決策涉及多個獨立變數時，人們傾向於選擇一個「錨定」變數，並根據該要素做出決策。這些錨定因素取決於你賦予決策的價值，比方說，在雜貨店的走道，有些購物者把錨定因素訂在價格上；有些消費者則看重知名品牌；還有人看重營養價值，或是產品對環境的影響。現在這個世界的特色是擁有大量的微選擇，所以縮小範圍是一種完美的適應策略。你可不想為了在超市每購買一樣商品，就去建立複雜的全方位地圖。但是，對於可能會餘波盪漾多年的決策，擴大我們的視角是有意義的。

決策理論家已經開發出**影響圖**（influence diagram）這種工具，來勾勒出全方位的選擇。而利用這些視覺化工具，來籌劃複雜的決策，有助於闡明問題的真正複雜情形。在環境影響研究中，影響圖被廣泛使用，而這種分析正是填平大水塘決策中非常缺乏的。影響圖能幫助我們視覺化想像效果鏈，後者有時候也被稱為影響路徑，因為在做出困難選擇後，勢必會出現效果鏈或影響路徑。

想像一下，一群穿越時空的環境規劃師在一八〇〇年左右抵達曼哈頓，並勾勒出一幅影響圖，描繪了這座城市在爭論大水塘未來所面臨的困境。簡單版的影響圖可能如圖1-1所示。

請注意，即使像這樣的簡單圖表，也顯示了各種因素之間的關聯：從微生物到房地產市場；從疾病爆發到建築物的結構損壞。由於填平水塘的決定會餘波盪漾，對未來影響深遠，因此如果沒有清晰的認識，就會以為決策方向很明確，只要在兩個相互競爭的價值體系，也就是環保或經濟發展之間二選一即可。你可以在繁華的城市中，享受天然的綠洲，有一個美麗公園，裡面有純淨的水和野生

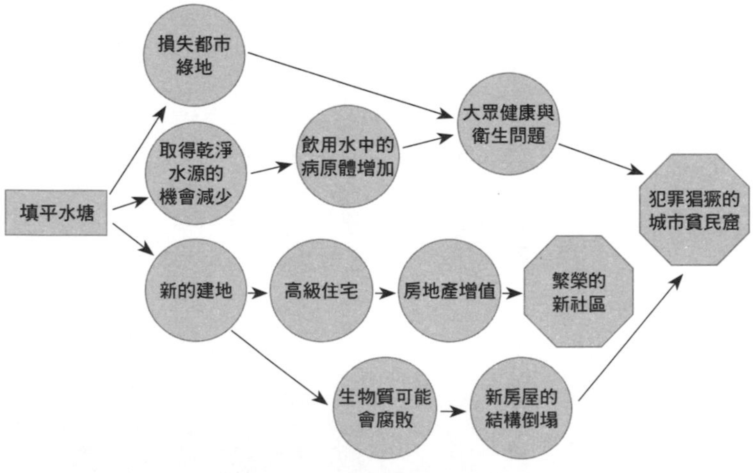

【圖1-1】 填平水塘的影響圖

動物；或者你可以填平池塘，並建造新的房子，以容納城市不斷增長的人口，順便為房地產開發商賺些錢。但是，影響路徑很少是線性發展的。破壞大水塘並建起新房子，可能會促進短期的經濟發展，但是長期下來，建公園可能會帶來更多的經濟利益，紐約中央公園西區的公寓價格就可以證明這一點。

在紐約填平大水塘之前，沒有人費心去繪製一幅影響圖，因為在兩個世紀前，人們根本沒有這樣的概念工具，無法根據當時的條件來想像這個決定。但是，今天我們有這樣的工具，而且全球每天都有人用這些工具來規劃決策，但我們很少停下來，充分理解這些工具帶來的實質利益。

紐約市最大的湖泊——草原湖（Meadow Lake），就在牙買加山道東北方幾公里之遙的地方，離現在皇后區的牙買加社區不遠，位於大中央快速路（Grand Central Parkway）和凡維克快速公路（Van Wyck Expressway）之間。該湖最初是一片鹽沼，在一九三九年世界博覽會的建造過程中，改造成現今的樣貌。但是，最近幾十年，在每年溫暖的月份中，湖面會被厚厚的黃綠色藻類所覆蓋，消耗湖中的氧氣，對水中的魚和靠近的人都會造成健康風險。二〇一四年，一些紐約市和州政府機構因為治理曼哈頓島周圍河流成功，受到啟發，決定把重點轉向紐約市的湖泊上。為了把草原湖恢復到對野生生物和人類都有利的條件，他們必須勾畫出當初造成藻類大量繁殖的影響路徑，並思索改變這些路徑的可能影響。他們發現，環境保護局在一九九二年的一項法規，迫使紐約市在飲用水中添加磷酸鹽，以降低城市供水中的鉛含量，而其中部分的磷酸鹽流入草原湖。磷酸鹽是一種關鍵的營養素，使得湖面上的藻類大量繁殖。此外，附近高速公路的暴雨逕流（stormwater runoff）❷也把氮帶入湖中，加速了藻類的繁殖，甚至附近烤肉用的煤炭也被丟棄至湖中。

最後，紐約市決定把部分湖泊恢復成原始的樣貌，過濾掉那些導致藻類繁殖的養分。所以他們在湖的東岸種植濕地植物，作為天然的過濾系統，去除了磷酸鹽和氮，讓它們無法助長藻類大量繁殖。（紐約市還建造了一個美化景觀的「生態窪地」〔bioswale〕，在高速公路的逕流流到湖泊之前，就把水攔截起來。）結果湖泊蛻變成新的面貌，既可以供人類觀賞消遣，又可以給以前在湖中快要缺氧窒息的魚一個新的棲息地。就在幾年前，這個湖的北邊新開了一間特許租船公司，今天你可以看到紐約人在清澈的湖面上划著小船，整個夏天都可享受搖槳的樂趣。

恢復草原湖需要一張全方位的地圖，來了解問題，並決定解決問題的路徑。這麼做迫使規劃者在氮和磷酸鹽等個別分子的層面上進行思考，也迫使他們思考藍綠藻的營養循環、湖中魚的氧氣需求、都市高速公路的運輸通道，以及夏季週末人類在烤肉時，漫不經心所造成的汙染。這是一張複雜的地圖，但並非無法繪製。而在幾十年前，這種地圖是難以想像的。你可以確定，建築師羅伯特・摩斯（Robert Moses）在建造大中央快速路和凡維克快速公路時，並沒有去考慮藍綠藻和含氮的逕流。今天，在面對我們要改變的系統時，則**可以**用這種全方位的敏感度來繪製地圖。草原湖上的那些划船者可能沒有意識到這樣的進步。他們只知道，湖水看起來比幾年前乾淨多了。但是，這種表面轉變的背後，是因為我們在環境規劃方面，有了更深度的進步，有能力做出有遠見的決策。而我們之所以能做出更好的決策，是

❷ 逕流指降水落至地面，流向河流、湖泊或海洋等水體所形成的水流。而暴雨逕流為強度大的暴雨造成的水流，主要的營養鹽為氮及磷，流入水體中會破壞水域生態。

因為我們可以看到更廣泛的影響範圍。

提升決策能力的關鍵

當然，每一個高瞻遠矚的決定都有其獨特的地圖，而且得盡可能用智慧來做選擇，這種技術不在於迫使該地圖與現有的範本相匹配，而是在於發展敏銳的眼光，看到局勢的真實情況。而發展這種眼光的最好方法，是讓不同的人對問題提出自己的看法。

幾年前，大溫哥華地區的水務局面臨一項決定，與兩百年前紐約市民在大水塘的命運上所面臨的決定，有幾分類似。由於城市人口不斷增長，意味著該地區現有的淡水資源，將在未來幾年內無法滿足市民的需求，所以必須開闢新的資源。這無疑會對當地環境、商業和社區產生影響。不過由於溫哥華位於多雨的太平洋西北區（Pacific Northwest），因此擁有許多潛在的選項，好比：擴增三個水庫、替一些遠處的湖泊建造新的輸水管，或者沿著一條大河，開鑿水井來取水。就像填平或保留大水塘一樣，這個決定的後果可能會持續一個多世紀。（例如，卡皮蘭諾河〔Capilano River〕的河水在一八〇〇年代末期開始供溫哥華居民使用，並一直是該市的主要水源。）但這個決定和紐約大水塘的決策不同，它從全方位的角度出發，認真模擬所有重要的變數。在建立模型的過程中，透過諮詢廣泛的利益相關者，每個人都對當前問題提出不同的看法，包含：住在納入評估的水源地附近的當地居民、視正被勘查的土地有神聖意義的原住民、環保運動人士、衛生和水質安全監管機構，甚至是使用河海湖泊等水體進行划船、釣魚或其他水上運動的當地市民。利益相關者評估了不同選項對各種變數的影響，例如：「水棲息環境、陸上棲息地、空氣品質、景觀品質、就業、娛樂、交通和噪音，以及房地產價值等等。」[2]

在許多重要的土地使用和環境規劃審議中，溫哥華水務局採取的方法已是習以為常的事。儘管匯集不同意見的技巧會有所不同，端看規劃者所採用的方法論（或根據受僱來執行流程的顧問）而異。但是它們具有一個共同的核心特質：要體認到，在類似於這種為大都會中心提供新的飲用水源的複雜決策上，需要來自不同觀點的資訊網，才能產生準確的問題解決地圖。這種合作審議最常見的術語是「專家會議」（charrette），這一詞源自法語，意思是馬車。在十九世紀時，法國美術學院建築系的學生會把比例模型和圖畫放在一輛小馬車中，每當作業的截止日逼近時，就會推出這輛馬車，來收集學生繳交的作品。據說學生會在馬車行進時，對他們的作品做最後的微調，也就是在馬車巡迴收作業時，進行最後潤飾。但是，在現代用法中，設計專家會議並不是指事到臨頭，才急忙應付，而是指公開審慎的過程，邀請不同的利益相關者評論現有計畫，或者就所討論的空間或資源問題，提出新的潛在想法。專家會議讓複雜的決定，更難光從單一商業團體或政府機構狹隘的角度，來進行評估。

相較於傳統形式的社區委員會，專家會議不同之處在於，後者通常採取一系列的小組會議，而不是一次大型的集會討論。當然，讓各個群體分開，可以減少價值觀對立的群體之間發生公開衝突的可能性，而且從長遠來看，還可以產生更多種類的想法和評估。「要從多種證據來源中，獲得最有用的資訊，」丹尼爾・康納曼建議，「你應該努力讓這些證據來源彼此獨立，這個規則是良好辦案程序的一部分。如果某個事件有多位證人，則他們在作證之前，不能就此事件進行討論。這麼做的目的不光是為了防止敵意證人（hostile witness）串通，更是為了防止沒有偏見的證人互相影響。」[3]在不可能把小組分開的情況下，康納曼建議，使用另一種方法，來保留所有可能的想法：「在討論問題之前，請委員會所有成員就自己的立場寫一篇非常簡短的摘要。這個步驟充分利用了小組中知識和觀點的多樣化價值。過往公開討論的制式做法，讓那些早早發言、態度又強硬者的意見被過分重視，導致其他人被牽著鼻子走。」

事實上，有時候在實務應用中，「群體」決策可以被拆分為一系列的單獨協商。正如法律學者凱斯．桑思坦（Cass Sunstein）和其他人發現，群體通常擁有豐富的資訊組合，不同的資訊分散在成員之間，但是當他們面對面聚集在一起時，往往會專注於**共同的資訊**。[4]正如桑思坦寫道：

> 有些團體成員屬於「認知中心」（cognitively central），因為他們個人的知識其他許多團體成員也有。認知中心成員知道的事，其他人也都知道。因此認知中心成員的定義是，握有全部或大部分成員都有的資訊。相對的，其他團體成員屬於

「認知周邊」（cognitively peripheral），他們握有獨特的資訊，知道其他人不知道的事，而且他們可能知道真的很重要的事。正是因為如此，運作良好的團隊需要借用認知周邊的人，因為這些人有特別的存在意義。但是在大部分的團體中，認知中心者在參與討論和團體審議時，有著莫大的影響力。相對而言，認知周邊者卻毫無影響力，很少有參與的機會，這對團體常常是不利的事。[5]

在面對面的會議中，那種情感聯繫的氛圍往往會引發人們不自覺地想要討論其他成員普遍知道的內容。而這或許是因為人們喜歡達成共識的感覺，或是因為他們擔心，假如他們透露大部分其他成員不知道的資訊，會被當成局外人。然而，如果不設計決策流程，來公開這些未被分享的關鍵資訊，也就是所謂的「隱藏檔案」（hidden profile）（由心理學家格洛德・史塔瑟〔Garold Stasser〕和威廉・泰特斯〔William Titus〕所創造的術語），就會喪失集思廣益的主要好處。在決策的分歧階段，你試圖收集最全方位的資訊，而最好的方法或許是與每個人進行一系列的個別訪談，而不是開團隊會議。在那些一對一的對話中，團體內「認知中心」的力量消失了，人們只是知道他們所知道的事，因此更有可能分享團體裡其他人所不知道的寶貴資訊。

無論你是透過一系列的群體討論，還是個人訪談，來建立你的決策地圖，最重要的是你收集**多樣化**的觀點。光是讓群體多樣化，就能明顯提高其決策能力。多樣化的力量是如此強大，以至於即使為群體提供多種觀點的成員，沒有關於眼前問題的專業知識時，多樣化的力量仍適用。當溫哥華水務局招集利益相關者組成關係網，來幫助做出有關新飲用水水源的決策時，他們彙整了水上運動愛好者和原住民等利益相關者的反饋意見，這一點值得讚揚。不過，就算他們隨機找一些與溫哥華無關的人，來提供反饋意見，也能改善決策過程，只要這些新成員的背景和專業知識與水務局原來的決策者很不同就好。事實上，僅是**存在**差異就能發揮作用。

在過去的幾十年中，數百個實驗已經證明了多樣化與群體的集體智商提高之間的關聯。社會科學家裴吉（Scott E. Page）把這稱為群體決策的「多樣化勝過才能」（diversity trumps ability）理論。但是，不同觀點改善我們判斷力的方式，竟然比人們最初想的更為複雜。傳統的假設是，加入同質群體的新成員，會透過討論帶來新的想法或價值觀，提高整體的智慧。實際上，在某些情況下，這種外部觀點確實可以提高小組的整體智慧。但是，許多研究顯示，在一個同質群體中加入「局外人」，也可以幫助「局內人」提出更細微和獨到的見解。

其中許多研究圍繞在模擬每個美國人都有可能會做的最重要公共決策上：陪審團的判決。大約十年前，社會心理學家塞繆爾・薩默斯（Samuel Sommers）進行了一系列模擬審判，讓陪審團對性侵犯案件的證據進行辯論和評估。其中有一些陪審團完全是由白人組成，而其他陪審團的種族組成則更加多元化。從幾乎每一項重要指標來看，由不同種族組成的陪審團在任務中表現得更好。他們考量了更多解讀證據的方式，也更準確地記住了有關該案的資料，並且在審議過程中也更為嚴謹和堅持。無論是由種族背景、性別，還是政治等其他世界觀組成起來的同質群體，往往會太快做出決定。他們很早就選定了最有可能發生的情況，並且不花精力去質疑自己的假設，因為在場每個人似乎都同意自己的解讀與概述。但是薩默斯發現，僅僅是陪審團中有非白人成員，就能使白人陪審員做更多思考，並願意接受其他可能的解釋。[6] 換言之，光是在場有不同的觀點，就能幫助群體建立更準確的思維圖。

然而，你無須為了提高現有小組的多樣性而引入局外人，而是在討論時，根據每位參與者所掌握的知識，為其指定「專家角色」。邁阿密大學的心理學家在一九九〇年代進行了謀殺疑案的實驗，該實驗招募大學生參加一系列三人模擬犯罪的調查行動。實驗中的對照組得到了所有正確辨識兇手的線索，在這些小組決策中，資料都是共享的，小組中的每個人都可以取得破案所需的資料。這些團隊的偵探任務做得很成功，辨識出正確的嫌疑犯機率達七〇%，這並不令人意外。在其他組中，則運用了隱藏檔案的方式：每位小組成員都擁有其中一名潛在嫌疑人的獨家資料，是其他成員所沒有的。這些小組商議時，沒有指導他們在討論中所扮演的角色，這時他們的偵查能力急劇下降，辨識出正確的嫌疑犯機率只達三分之一。但是，當每位小組成員都被明確告知，他們就像專家如女偵探瑪波小姐（Miss Marple）或電影《妙探尋兇》（*Clue*）裡的梅教授（Professor Plum）一樣，掌握其中一名嫌疑人的資訊時，他們的偵查能力就獲得改善，幾乎與一開始就擁有所有資訊的對照組不分上下。透過定義專業知識，科學家巧妙地改變了決策群體的互動情況：參與者不再尋找共享知識的共通處，而是被授權去分享他們對選擇的獨特見解。

導入專家角色是處理全方位思維挑戰時，一種特別有效的技巧，因為在許多情況下，不同的範圍或層面對應著不同的專業領域。在正式的聽證會，像是設計專家會議或溫哥華的水源審查上，那些專家角色可能相對直觀，好比經濟學家談論在社區中開發水庫的經濟影響、環境科學家談論對環境的影響。但是，在比較不正式的群體討論中，在場的各種專業知識很容易被人們忽視，這使得隱藏檔案更有可能繼續被隱匿下去。

決斷2秒間的真實意涵

二〇〇八年，管理學教授凱瑟琳．菲利普斯（Katherine Phillips）進行了一項決策研究，用更類似電視劇《CSI犯罪現場》（*CSI*）而非電影《十二怒漢》（*12 Angry Men*）[3]的框架，代替了模擬審判的形式。在偵探調查一起兇殺案後，請參與者評估偵探的訪談紀錄，並根據該評估結果，決定犯罪嫌疑人中，誰是真正的兇手。可想而知，引進局外人之後，群體的偵查能力變得更好，更關注線索，也更願意分享自己的隱藏檔案。但是，菲利普斯和她的團隊發現了另一項看似違反直覺的事情，這個發現已成為決策科學，以及我們將會看到的預測科學中的關鍵假設。儘管多元化團體的偵探能力更好，會比同質的成員更容易找到真兇，不過他們對自己做的決定也**更沒信心**。雖然他們更有可能是正確的，但他們同時也更願意接受自己的想法或許是錯的。這似乎是一個悖論，但是事實證明，精明的決策與承認、甚至接受不確定性的意願，兩者之間有著很強的相關性。菲利普斯的發現，呼應了認知心理學中著名的「鄧寧—克魯格效應」（Dunning-Kruger effect），在這種效應中，能力低者傾向於高估自己的能力。有時候，最容易出錯的方法，是確信自己是對的。

如果你讀夠多有關決策或直覺的近期大眾讀物，那麼你已經很熟悉那個消防隊

❸《十二怒漢》講述一名在貧民窟長大的少年，被控弒父上了法庭，呈堂證物鐵證如山。而該案件的十二名陪審團員必須在休息室內達成一致的意見，裁定少年是否有罪，若罪名成立，少年會被判處死刑。

隊長和地下室火災的故事了。這個故事最初出現在研究心理學家蓋瑞・克萊恩（Gary Klein）於一九九九年出版的《力量的來源》（*Sources of Power*）一書中，但幾年後，等到麥爾坎・葛拉威爾（Malcolm Gladwell）在他的暢銷書《決斷2秒間》中介紹這個故事時，這個故事變得更為人所知。克萊恩花了很多年的時間，探索他所謂的「自然決策」（naturalistic decision-making）。[4]他打破了長期習慣透過高明的實驗室實驗，來研究人們心理規律的傳統，而改為觀察人們在現實世界的決策過程，尤其是時間壓力很大的決策。他花了很長的時間與俄亥俄州代頓市（Dayton）的消防員相處，觀察他們對緊急情況的反應，也對他們過去的決定進行採訪。有一位消防隊隊長告訴克萊恩一個故事是，有個單層的郊區房屋發生一起看似單純的火災。火苗據稱是從房屋後面的廚房冒出，因此隊長帶他的消防員到廚房，試圖抑制火勢。但是，情況很快地出乎隊長的意料。事實證明，很難滅火，而且房屋的溫度比同等規模的火災更高，但燃燒的聲響卻安靜許多。剎那間，他命令他的消防員離開房屋。幾秒鐘後，地板塌了，原來地下室一直燒著更大的火。克萊恩在最初的敘述中，對消防隊隊長的思維描述如下：

整個模式讓人覺得怪怪的，出乎他的意料，他意識到，自己也不太清楚發生了什麼事，這就是他命令他的人員離開房子的原因。事後看來，不太對勁的原因很明顯，因為火勢在他下面，而不是在廚房，所以消防員滅火沒有效，因此上升的溫度比他預期的要高得多。而地板就像一塊擋板，減弱了聲響，導致環境雖熱，但卻安靜。[7]

對於克萊恩來說，神祕的地下室火災類似一個寓言，說明了他所謂的「認知主導決策」的力量。在多年的工作中，代頓市的消防隊隊長已經對火勢累積了足夠的智慧，讓他能對新的情況迅速做出評估，而一點也沒有意識到自己**為什麼**這麼做。這是一個直覺的決定，但是由過去無數小時的救火經驗而來。不過，把克萊恩原始的敘述與麥爾坎．葛拉威爾書中的轉述，進行比較。在葛拉威爾的書中，這個故事不僅證明了「迅速」判斷的驚人力量，而且還成為警示，教人過度思考會付上代

---

❹ 自然決策著重在個體如何在實際情況下，依據直覺、過去的經驗與訓練來做決定。

價：

在混亂中，消防員心中的電腦毫不費力地立即找到了可循的模式。但是，那天最令人震驚的肯定是，當時是千鈞一髮之際。如果隊長停下來，並與他的人員討論情況，假設他對他們說，我們來討論一下，弄清楚發生了什麼事，換句話說，就是我們認為領導人在解決困難問題時，應該做的事，那麼他可能會犧牲敏銳的洞察力，也沒辦法挽回他們一命了。8

葛拉威爾說得很對，在大火中開統籌計畫專家會議，反而是災難性的策略。在時間緊迫的情況下，憑經驗塑造的直覺無疑會發揮重要作用。當然，本書要討論的是時間不這麼緊迫的決策。當我們有數週或數月的時間，而不是幾秒鐘來商議時，我們才不會變成直覺評估的奴隸。但是，對我們來說，克萊恩的地下室火災寓言仍然有一個重要的教訓。請注意，克萊恩和葛拉威爾用兩種不同的方式，描述了廚房裡那個攸關性命的決策點。在克萊恩的描述中，當消防隊長「意識到，自己也不太清楚發生了什麼事」時，就是個信號。但是，從葛拉威爾對故事的轉述，那個時間點有了不同的含義：「在混亂中，消防員……立即找到了可循的模式。」根據克萊恩的原始說法，消防隊長**沒有**正確判斷出情況，也沒有想出高明的滅火方法。相反的，他逃避了問題。（有鑑於當時的情況，他是應該那樣做。）在葛拉威爾的書中，隊長卻是擁有「拯救性命的洞察力」。

隊長以自己的行動拯救了大家的性命，這一點是無庸置疑的。問題是，他是否有「洞察力」？在我看來，地下室火災寓言教給我們的最重要一課是：認知到每個人都有盲點，也都有**不了解**情況的某一要素的時候。隊長多年滅火的經驗並沒有使他意識到地下室火災的隱密真相，只是讓他認出自己遺漏了什麼東西。這種認知足以迫使他從屋內撤退，直到他更理解來龍去脈。

不確定性的類型與因應準則

多年前，前國防部長唐納・倫斯斐（Donald Rumsfeld）在一次新聞發表會上談到伊拉克戰爭的「已知的未知」（known unknowns）而廣受嘲諷，但他所指的概念，實際上是複雜決策中的關鍵。的確，為你試圖駕馭的系統建立一個準確的思維地圖，需要智慧。但是辨識出地圖上的空白點，也需要智慧，這些空白點是你不清楚的地方，因為沒有合適的利益相關者提供你建議（如同華盛頓失去格林將軍那樣），或是因為情況中的某些因素，從根本上來說是不可知的。

複雜的情況可能會帶來非常不同的不確定性。前幾年，學者海倫・雷根（Helen Regan）、馬克・科里文（Mark Colyvan）和馬克・伯格曼（Mark Burgman）發表了一篇論文，試圖對環境規劃，例如溫哥華水務局的審查或填平大水塘的決定，所可能面臨的所有不確定性加以分類。他們提出了十三種不同的不確定性，包含：測量誤差（measurement error）、系統誤差（systematic error）、自然變異（natural variation）、內在隨機性（inherent randomness）、模型不確定性（model uncertainty）、主觀判斷（subjective judgment）、語意不確定性（linguistic uncertainty）、數值模糊性（numerical vagueness）、非數值模糊性（nonnumerical vagueness）、依賴上下文（context dependence）、多義性（ambiguity）、理論詞的不確定性（indeterminacy in theoretical terms）和交代不足（underspecificity）。[9] 但是，對於非專業人士而言，不確定性主要有三種形式，每種形式都有不同的挑戰和機遇。借用唐納．倫斯斐的說法，你可以把它們視為已知的未知、不可及的未知（inaccessible unknowns）和未知的未知（unknowable unknowns）。有一些不確定性是因為我們在試圖繪製局勢圖時，出現一些失敗，而這些失敗可以透過建立更好的地圖來彌補。比方說，華盛頓對長島地理的認識不清就屬於這一類。如果當初華盛頓能夠在英軍進攻前的關鍵日子裡，諮詢過格林將軍，他勢必能更清楚掌握何奧將軍可能採取的路線圖。另外，有些不確定性涉及存在的資料，但是因為某些因素，我們無法取得它。對於華盛頓及其下屬來說，很明顯的，何奧將軍計畫對紐約發動攻擊，但假設美軍在英軍中沒有間諜，美軍便無法得知何奧將軍所考慮的具體計畫。最後，有些不確定性則來自所分析系統本身的不可預測性。即使華盛頓召集了地球上最先進的顧問團隊，也無法提前二十四小時預測到，在從布魯克林撤離的那天早晨，會起異常的大霧，因為一七七六年的天氣預報技術還很粗糙。

在替困難的選擇建立準確的地圖時，辨識和區分這些不同形式的不確定性是必不可少的步驟。對於我們確實理解的系統，我們往往高估其變數的重要性，卻低估我們不清楚的部分，基於某些原因，所有人都會犯這種毛病。就好像一個老笑話，醉漢在路燈下找鑰匙，而不在他真正弄丟鑰匙的地方找，因為「這裡的光線更亮」。對於已知的未知，最好的策略是擴大顧問或利益相關者的團隊，並使之多樣化；找到你的格林將軍，獲取更準確的地形圖；或根據衛星影像，做出大院的比例模型。但是，追蹤頑固的盲點也很重要，畢竟我們無法透過更好的地圖，或經過探查，來減少盲點的不確定性。比方說，天氣預報員在追蹤颱風時，會提到「不確定性錐」（cone of uncertainty），他們勾畫出機率最高的颱風路徑，但是他們也重視潛在的路徑，因為這些路徑都在可能的範圍內。這個更大的範圍就是不確定性錐，即使居民不在機率最高的路徑上，氣象預報機構仍會不遺餘力地提醒居住在這個範圍內的每個人都採取預防措施。而籌劃決策就需要像這樣小心謹慎，你不能只專注於自己有信心的變數，還需要承認有空白點的存在，即已知的未知。

在某種程度上，這樣欣然接受不確定性，呼應了科學方法的基本技術。諾貝爾物理學獎得主理查．費曼（Richard Feynman）在著作《這個不科學的年代》（*The*

Meaning of It All）中，有一段著名的段落，描述了這種不確定性：

當科學家告訴你，他不知道答案時，他是個無知的人。當他告訴你，他有一點點預感，覺得事情該是如何，那他是對事情不確定。當他蠻確定答案應該是什麼並告訴你：「我敢打賭，事情將會這樣發展。」那他仍然抱著一點疑惑。最重要的是，為了能夠進步，我們必須認清楚這種無知以及疑惑。因為我們還存著一點懷疑，才會提出新的方向，尋找新的點子。科學的發展速度，並不是根據你觀察的速度而已，更重要的是，你創造出新東西來測試的速度。如果我們無法或不想嘗試新的方向，假設我們沒有一絲的困惑或體認到自己的無知，我們就無法得到任何新的點子。[10]

捉拿賓拉登的決策關鍵之一，是持續地關注不確定性。在許多方面，對不確定性的關注，直接回應了之前美國行政團隊在大規模毀滅性武器上的重大處理失敗。當時情報界以間接的證據，非理性地認定海珊在積極研發核武和化學武器。因此，針對捉拿賓拉登的決定，幾乎在過程的每個階段，從首次監視大院，到突擊檢查的最終計畫，都特別要求分析人員對自己的評估，評價信心程度。在二〇一〇年十一月，分析師之間達成了共識，認為賓拉登實際上很可能居住在大院中，但是當里昂．潘內達對分析師和其他中情局官員進行調查時，結果顯示確定程度從六〇%到九〇%不等。不意外的是，那些聲稱不那麼確定的分析人員都是參加過伊拉克大規模毀滅性武器調查的職業官員，他們親身經歷過，知道未知變數如何把看似勝券在握的情形，轉變為一團糟的事件。

在許多層面上，要求人們評價自己的確信程度都是一種成果豐碩的策略，不僅是因為它可以讓其他人衡量，該多嚴謹地看待你的資料，也能讓你思考自己可能遺漏的內容。許多複雜決策有過度自信的致命問題，而上述方式就是一種解方。狙殺賓拉登的決策過程並不僅僅是要求分析師評估自己的不確定程度而已。參與該決定的高級官員，從潘內達到歐巴馬的反恐顧問約翰．布倫南（John Brennan），還要求分析師挑戰自己的假設，加深不確定性的程度。在調查的早期階段，很多事情都取決於科威特是否仍與賓拉登有直接聯繫時，中情局的分析師被要求，針對科威特的可疑行為提出其他的解釋，即他與賓拉登可能**沒有**關係的情況。分析師認為，科威特或許已經離開蓋達組織，現在正為其他犯罪組織工作，好比毒品集團，所以需要一座保全嚴密的大院。其他人則認為，他從恐怖分子關係網絡中竊取錢財，並用這座大院來保護自己。另一種情況是，科威特仍在為蓋達組織工作，但大院只是收容賓拉登的親戚，恐怖組織首腦本人並沒住在這裡。

漸漸的，中情局否定了所有其他的解釋，並愈來愈相信該大院與蓋達組織有直接關聯。但是，分析師們的假設繼續遭到上司的考驗。正如彼得・卑爾根寫道：

布倫南敦促他們提出情報，證明賓拉登沒有住在亞波特巴德大院中，他說：「我厭倦了聽到能證實你們假設的消息。我們要尋找的是能告訴我們理論哪裡不對的要素。所以，你們的推論有什麼不對的地方？」有一天分析師回到白宮，開始回報最新情報：「院子裡好像有一隻狗。」歐巴馬的國家安全副顧問丹尼斯・麥克多諾（Denis McDonough）記得當時心想：「哦，真是的。你知道嘛，有自尊的穆斯林都不會養狗的。」布倫南大部分的職業生涯都在處理中東事務，並且會講阿拉伯語，他指出，賓拉登在一九九〇年代中期住在蘇丹時，確實養過狗。11

貝佐斯的七〇%決策法則

儘管一開始明確地尋找矛盾的證據，可能會破壞群體逐漸形成的解釋，但最後反而能產生使該解釋更有力的證據。無論如何，這種方式都會迫使你更清楚地觀察情況，更準確地偵查指紋的渦紋。

挑戰假設、尋找矛盾的證據、評價確定性的程度，所有這些策略都對決策過程的分歧階段有益，有助於擴大決策地圖，提出新的解釋，並引入新的變數。情報機構的分析師廣泛檢視了神祕大院呈現出的明顯變數，例如建築物的結構設計、地理位置、進出建築物人士的資料（或缺乏資料），還採取額外的步驟，像是探索不確定性，比如思考大院內有養寵物，後來這是一條重要的線索。當然，花太多時間來探究不確定性，可能會使你陷入哈姆雷特式猶豫不決的困境。以亞馬遜創辦人貝佐斯為例，他在做涉及不確定性的決策時，堅持「七〇%法則」：與其等到有十足的信心才做選擇（而且考量到有限理性的本質，可能永遠也不會有百分之百的信心），一旦貝佐斯把不確定性的程度降低至三〇%，他就會做出決定。七〇%法則沒有採用完全肯定的理性選擇神話，而是承認我們的視野不可避免地會有些模糊。透過測量已知的未知和盲點，我們避免了一味地相信最初直覺的陷阱。除此之外，七〇%的門檻使我們避開了要求完美確定，但卻裹足不前的狀況。

二〇一〇年底，對大院住戶的調查繼續進行，也展開了第二個決策過程，這個過程涉及較少解釋，而主要是關於行動。歐巴馬總統和他的顧問們在確定至少有合理的可能性能找到賓拉登的位置之後，現在必須決定該如何處理。這個階段涉及許多在第一階段至關重要的因素：探究不確定性的程度，並接受不同的觀點。但是這個階段的分歧探索，是在尋找完全不同的東西。他們不只是試圖發現先前隱藏的線索，以解釋亞波特巴德大院的謎團。他們還試著發現新的選擇，以找到賓拉登本人。繪製複雜決策地圖的部分技巧，是全方位地描繪可能影響你選擇的所有變數。但是，在繪圖的過程中，還可能會出現新的選擇。

跨越二選一困境的思維關鍵

在一九八〇年代初期，俄亥俄州立大學商學院教授保羅·努特（Paul Nutt）開始對現實世界中的決策進行分類，就像植物學家對生長在雨林中的各種植被進行分類一樣。決策理論家多年來一直在討論決策流程的各個階段，像是確定選擇、評估檯面上的選擇等等。努特希望了解在現實的環境下，這些抽象階段如何發揮作用。他在一九八四年發表的最初研究中，對美國和加拿大公共和私人組織的高階管理人員做出的七十八個不同決策加以分析，這些組織包括保險公司、政府機構、醫院和諮詢公司。努特對參與者進行了深入的採訪，以重建每個決策，然後使用預先制定的決策階段分類法，對每個決策進行分類。結果顯示，有些選擇幾乎是不加思索地回顧一些歷史先例，直接採用行之有效的策略罷了；其他選擇則在建議的路徑上，尋求積極的反饋，但從未考慮過其他路徑（努特把這些稱為「是或否」的決定）；還有一些經驗較豐富的團隊考慮了多種選擇，並嘗試權衡利弊。

在努特的研究中，最驚人的發現是，只有一五％的決策者從一開始就積極尋找檯面上選擇之外的新選擇。在後來的研究中，努特發現，只有二九％的組織決策考慮了不只一種的替代選擇。丹・希思（Dan Heath）和奇普・希思（Chip Heath）在他們的《零偏見決斷法》（*Decisive*）一書中，把努特的研究與青少年做選擇的研究進行比較，發現兩項研究的結果幾乎相同：只有三〇％的青少年在面對生活中的個人選擇時，會去考慮不只一種選擇。（正如他們的解釋，「大多數組織的決策過程，似乎與荷爾蒙旺盛的青少年相同。」）多年來，努特和其他研究人員做出令人信服的研究，證明了商議過的替代選擇數量與決策本身的最終成功，兩者之間存在著強烈的相關性。努特在一項研究中發現，只考慮一種選擇的參與者，最終認為自己決策失敗的機率超過五〇％；而考慮至少兩種選擇的參與者，其認為結果是成功的機率為三分之二。如果你發現自己在籌劃「是或否」的問題，請把問題變成「哪一個」的問題，這樣結果十之八九會更好，因為它能提供你更多可行的路徑。

在尋找更多選擇方面，多樣化同樣被證明是關鍵的有利條件。當你對問題有不同的觀點時，不僅可以更清楚了解影響決策的所有因素，還能更容易地看到以前無法想像的替代方案。（這是一個創新類文獻與決策類文獻相互重疊的領域。在這兩個領域，多樣化是擴大可能性的關鍵，也有助於產生新的想法。）努特的研究明確表明，刻意在決策過程中開創出一個階段，以探索全新的替代方案，是非常重要的，因為那抵抗了人們很容易受到決策最初框架的吸引，特別是當這個框架碰巧採用了「是或否」的單一選擇之時。

如果你確實發現自己被單一的決策所困，則奇普和丹．希思建議你做一個耐人尋味、有點違反直覺的思想實驗，以擺脫受限的觀點：故意減少你的選擇。如果你的組織已經接受了安心的假設，認為路徑A是唯一可行的方法，那麼請想像一個路徑A不可行的世界。這時你該怎麼辦？希思兄弟寫道：「刪除選擇確實有幫助，因為這使他們注意到，其實他們被困在寬闊土地上的一小塊地方。」想想一七七五年的布魯克林地圖。當時華盛頓已籌劃出英軍可能進攻紐約的兩條主要路徑，包含從海路直接攻擊曼哈頓下城，以及經由高旺高地，從陸上攻擊。但是，如果他經過腦力鍛鍊，把這兩個選擇排除在外，那麼即使沒有納撒尼爾．格林將軍的幫助，他也可能會預見英軍會繞道到牙買加山道，進行側翼攻擊。

最佳極端主義

第十大道沿著曼哈頓西區第三十三街以南的路段曾被稱為「死亡大道」，因為與第三十三街平行的是紐約中央貨運列車線，而許多行人和車輛曾與列車發生致命的事故。一九三四年，這條鐵路被遷移至高架橋上，把休斯頓街（Houston Street）以北的製造業和肉類包裝中心的貨物，運到曼哈頓中城，並沿著高架鐵路沿線穿過幾座建築物。隨著曼哈頓下城製造業的流失，鐵路變得愈來愈無足輕重。一九八〇年，一輛帶有三節車廂的火車，在鐵軌上運送完冰凍火雞後，就結束了最後一趟任務。

在隨後的二十年中，高架橋正式關閉，不對外使用，在那段被閒置的日子裡，大自然慢慢地收復了鐵路：軌道長出與腰齊高的草叢和雜草。塗鴉藝術家用噴漆在鐵軌和混凝土上做畫，到了晚上，青少年會偷偷溜到鐵軌上喝啤酒或抽大麻，並在雀兒喜（Chelsea）繁華的街道上方約九公尺處，享受這個奇妙平行宇宙的樂趣。

但是，對於圍繞鐵路線大多數的「正規社區」而言，高架橋很礙眼。更糟糕的是，這對公共安全構成了威脅。一群當地的業主控告鐵路線的物主——聯合鐵路公司（Conrail），要求拆除高架橋。一九九二年，州際貿易委員會（Interstate Commerce Commission）支持當地商業團體，下令必須拆除鐵軌。接下來的十年，大家一直爭論著要由誰來支付拆除費用。

然後發生了意想不到的事情。在一次社區會議上，畫家羅伯特・哈蒙德（Robert Hammond）和作家約書亞・戴維（Joshua David）偶然閒聊了起來，並開始討論如何振興高架軌道，不過不是再當成交通運輸的月台，而是當成公園。這個想法剛提出來時，時任市長朱利安尼（Giuliani）的團隊認為是異想天開，但是很快就形成了一股贊成的力量。攝影師喬爾・斯特恩費爾德（Joel Sternfeld）拍攝了一系列令人難以忘懷的廢棄鐵軌照片，鐵道之間的野草閃閃發光，就像北美大平原的麥田被運到後工業化時代的曼哈頓。幾年內，這個計畫得到了彭博市長屬下亞曼達・伯登（Amanda Burden）的支持，她是富有遠見的紐約市公園負責人，另外還有一家公私部門協力（public-private partnership）的公司，籌集了數百萬美元來支持這項改建工程。在一九九〇年代末，紐約空中鐵道公園（High Line Park）的第一期已向大眾開放。這是世界上最有創意、廣受讚譽的二十一世紀城市公園之一，也是紐約市新的主要旅遊景點。

高架鐵道不是像大水塘那樣的自然資源，但是歷史的基本概況有些雷同：高架鐵路曾經是城市資源，為市民提供重要的功能，由於被忽視和城市發展中不斷變化的工業活動，而變得沒有用處，甚至帶來危險。但是，這座城市最終決定處理這座廢棄設施的方式，卻比填平大水塘的選擇更有創意。長達十年的期間，這個決定完全是以一定要拆除為前提，是一個經典的「是或否」決定。畢竟，這個設施顯然已經沒有用處，貨運列車不再開往曼哈頓下城，因此，唯一真正的問題是如何拆除它。這是市政府的責任，還是聯合鐵路公司的責任？但是在這種二選一的選擇中，隱藏了第三種選擇，迫使參與者以全新的方式來思考高架鐵路。從街道上來看，高架鐵路明顯礙眼。但是從鐵軌上來看，它卻為所環繞的城市提供了迷人的新視角。

我們已經看到，在做困難的選擇時，需要如何積極面對質疑和不確定性。但是，最基本的質疑形式，常常是對檯面上的選項提出懷疑。事實上，做出複雜的決定不光只是繪製出會影響每個選擇的形勢圖。正如保羅・努特的研究顯示，這也是關於要發現新的選擇。所謂的短視，就像達爾文結婚前，在日記中勾勒出利弊清單那樣。當你坐下來，列出贊成和反對某個決定的論點時，你已經把可能的選擇範圍限制在兩個途徑上：結婚或不結婚。但是，如果還有其他更有創意的方法，來達到我們的目標或滿足利益相關者的衝突需求呢？也許不是要在拆除高架橋，或留著這危險的廢墟之間做抉擇，而是能重新改造它？

當然，挑戰在於如何欺騙你的大腦，來察覺第三種選擇，或者察覺出隱藏在大腦的第四種和第五種選擇。無庸置疑的是，跨領域的專家會議有助於解決這個問題。有鑑於個人觀點的狹隘，同樣情況中的其他利益相關者很可能會想到你不會自然想到的選項。正如希思兄弟所建議的，減少選項的思想實驗，也是一種有用的策略。但是，這個問題還有另一種思考方式，與我們在民主社會中共同努力的各種決策，有直接的關聯。最早意識到高架鐵道可能會有第二春，成為休閒場所的人，不是城市規劃和當地企業集團的體制內決策者，而是生活和遊走在社會邊緣的人，如塗鴉藝術家、在禁地中尋找狂歡快感的不速之客、尋求不同視角的城市冒險家。在高架鐵道的辯論中，這些首批的高架鐵道探險家名副其實地位在制高點，因為他們占據了街道上方的空間，幾乎沒有人去體驗過。從他們的社會身分、選擇的生活方式，以及所處的位置來看，他們都是極端和邊緣的人。即使改造成公園的想法來自更傳統的人士，最先提出來的人也不是城市規劃師或商業領袖，而是一名作家、一名畫家和一名攝影師。12

極端主義不僅潛在地捍衛了自由，往往也提出了主流社會沒看到的新想法和決策路徑。事實上，最重要的社會變革起初都是採取「極端」的立場，與傳統觀念的中間派立場相距甚遠。然而，社會若沒有賦予極端立場者明確的發言權，這樣的社會就無法發生重大變化。無論是普選權、氣候變遷、同性婚姻，大麻合法化，這些都是以「極端主義」立場出現在這個世界上的，完全不是主流立場。但是歷經時日，它們慢慢地成為主流共識。在一八八〇年，提出婦女可以投票是極端的立場，但是現在，除了最頑固不化的性別歧視者之外，大家會認為只有男性可以投票是荒謬至極。當然，有許多極端立場最終成了死胡同，或更糟的情況。比方說，在當前政治光譜內，九一一陰謀論者❺和白人至上主義者也是極端主義者。但是，如果壓制了所有極端意見，我們就不太可能在公民生活和城市公園方面，偶然發現真正具有創意的新路徑。

評估後果的決策思考

並非只有局外人才能揭示以前無法想像的選項，有時候，新途徑也會被決策鏈頂端的人發現。身為總統，歐巴馬顯然獨具慧眼，可以發現替代的選擇。「顧問們有辦法把選擇範圍縮小到選項A或選項B，然後引導總統選擇他們中意的選項。」美國記者馬克・鮑登（Mark Bowden）在描述突襲賓拉登事件時寫道。[13]「一切都取決於描繪問題的方式，但這種方法對歐巴馬來說是沒有效的。他會聽取A和B選項，問很多好問題，然後常常提出截然不同的路線，也就是選項C，這似乎全然是從他腦袋裡蹦出來的。」

在二〇一一年冬末，對賓拉登的調查從確認該大院住戶的身分，轉為決定襲擊該處的最好辦法。雖然一直有衛星影像透露出一些資訊，但是沒有人可以百分之百地確定，在大院土地上踱步的那個神祕人物，確實是蓋達組織的首腦，但是這種可能性足以證明能發起軍事襲擊。問題是，要發起什麼樣的襲擊？起初，歐巴馬有兩種選擇：第一是用直升機突襲。特種作戰部隊可以在不破壞該基地的情況下，殺死或捕獲賓拉登；或者用B-2轟炸機進行轟炸，在該大院投下三十枚精確的導彈，摧毀建築物及下方的地下隧道。然而，這兩種選項都不盡理想。首先，直升機突襲需要在沒有通知巴基斯坦的情況下，飛入巴基斯坦的領空，這與一九八〇年卡特總統為營救伊朗人質而進行武裝襲擊，結果是災難一場，毫無二致。至於引爆炸彈雖然容易得多，但很可能會摧毀附近的許多房屋，造成數十名平民傷亡，並且會炸毀大院內的所有潛在證據。最重要的是，會摧毀賓拉登本人已被殺死的證據。

面對這兩個帶有明顯缺陷的選擇方案，歐巴馬敦促團隊尋找其他的可能性，就像他們被迫尋找確定該處住戶的反駁證據一樣。最後，該團隊確定了四個選項：

---

❺ 有些人認為九一一事件是一場政治陰謀，是美國政府的自導自演。

一、用B-2轟炸機進行轟炸；二、特種作戰部隊突襲；三、以無人駕駛飛機進行攻擊，投下高精確度的實驗導彈，直接捉拿「目標對象」，而且幾乎不會連帶損害到大院或周圍地區；四、與巴基斯坦協同攻擊，這可以消除未經巴國同意，而擅自飛越其領空的風險。

在對大院進行了全方位的分析，並籌劃了可能的攻擊大院選項後，歐巴馬和他的團隊改變了方法。他們不再收集亞波特巴德當地的證據，不再想要暴露隱藏檔案，不再籌劃潛在的路徑。相反的，他們把心思轉向了這些選擇所面臨的**後果**。畢竟，每條路徑都預示著一系列可能的未來情況，其後續影響將會迴盪多年。如同所有高瞻遠矚的決定一樣，歐巴馬和團隊在決定捉拿賓拉登後，他們面臨的選擇迫使他們認真思考接下來會發生的事情。

決策地圖的隱喻功能強大。在面對困難的選擇時，你試圖描繪周遭真實和抽象的形勢，像是盤點所有正在發揮作用的力量、勾畫出所有可見的區域，並至少承認盲點的存在、繪製出你在空間內摸索時，可以採取的潛在路徑。但是，當然的，從某方面來看，決策地圖的概念會誤導人。畢竟地圖定義了當前的地貌，從某種意義上來說，地圖在時間上是靜止不變的。然而決策則相反，制定一個決策可能費時幾天、幾週或幾年。此外，選擇正確的路徑不僅取決於我們對當前狀態的理解，還取決於我們對於下一步的**預測**能力。要做出複雜的選擇，你需要全方位地評估事物狀態，還要有一份完整的清單，列出可供選擇的潛在選項。而在做出最終選擇後，你還需要一個有理有據的模型，以了解事態可能如何發展。儘管為複雜的多變數系統建立思維圖，似乎很有挑戰性。但是，要預測未來，還要再更難。

2

預測思維

正是此種展望未來的能力使我們變得有智慧。無論是有意識和無意識的，展望未來是我們大腦的核心功能。

「那麼，讓他到歐洲去吧，現在不必預告他的未來。在一切錯誤中，預言是最不足道的。」

——喬治．艾略特，《米德鎮的春天》

就大腦功能科學的史料來看，大部分都重度依賴災難性的受傷案例。幾百年以來，科學家一直在解剖大腦，但是直到有像正子斷層造影（PET）和功能性磁振造影（fMRI）這樣的現代神經影像工具出現之後，我們才能夠即時追蹤血液在大腦不同部位的流動情形。在此之前，很難分辨出負責不同心理狀態的腦區。我們對大腦的特化功能的理解大多根據像是費尼斯．蓋吉（Phineas Gage）的案例研究，這位十九世紀的鐵路工人在一根鐵棍刺穿了他的左額葉後，神奇地大難不死，但之後他的性格出現驚人的變化。在神經影像工具出現之前，如果你想知道特定腦區的功能，你就要去找有沒有人在可怕的事故中，失去了該功能，並弄清事故傷害帶給他們什麼樣的後遺症。如果他們失明了，代表該損傷一定影響到他們的視覺系統。如果他們患有失憶症，受損的區域一定與記憶有關。

以前這樣研究人類大腦，效率極低，因此當正子斷層造影和功能性磁振造影於一九七〇年代和一九八〇年代出現時，人們得以研究運作中的健康大腦。想當然的，神經科學家對此感到興奮。但是，科學家很快意識到，新技術需要有基準狀態（baseline state）作為對照，這樣大腦掃描才有意義。畢竟，血液是一直在流經整個大腦的，所以在正子斷層造影和功能性磁振造影中，你要注意的是血流**變化**：當腦部某個區域有活動時，流到該區的血流量就會激增，而其他區域的血流量則會下降。在功能性磁振造影室中播放巴赫奏鳴曲時，你會發現聽覺皮層的血流量激增，掃描影像會清楚顯示，在聽到音樂時，顳葉的特定部分會發揮作用。但是，要看出這種激增的情形，你必須要有一個靜止狀態（resting state）來進行對比。只有追蹤不同狀態之間的差異，以及腦中不同的血液流動模式，掃描才有意義。

多年來，科學家一直認為，腦的活動沒有那麼複雜。你把受試者送進掃描儀中，請他們放輕鬆，什麼都不做，然後讓他們進行你正在研究的任務，好比聽音樂、說說話或下棋。你在他們休息時，掃描了他們的大腦，然後在他們進行活動時，再掃描一次，最後用電腦分析兩次的差異，並呈現出血流變化的圖像，這有點像現代天氣圖，能顯示一場接近都市的風暴的不同強度。在一九九〇年代中期，愛荷華大學的一名大腦研究員南希・安德烈森（Nancy Andreasen）在使用正子斷層造影機器進行記憶實驗時，注意到實驗結果有些異常。「靜止」狀態的掃描影像似乎並未顯示大腦活動減少。相反的，告訴受試者靜靜地坐著，不要試著做任何特別的事情，似乎觸發了他們大腦中非常特殊的主動刺激模式。在一九九五年發表的一篇論文中，安德烈森指出了這種模式的另一個細節：與在靜止狀態下被觸發的人類大腦系統相比，非人類靈長類動物的大腦系統卻是較不發達的。安德烈森推測，「顯然，當大腦或思緒在自由和不受阻礙的情況下思考時，運用了最符合人性和最複雜的部分。」

不久，許多其他研究人員開始探索這種奇怪的行為。很多研究顯示，大腦在休息時，竟然比理應是活躍時，**更加活躍**。很快的，科學家開始將這種重複出現的活動模式稱為「預設網路」（default network）。一九九九年，由J・R・賓德（J. R.

Binder）帶領的威斯康辛醫學院研究人員發表了一篇具有影響力的論文，認為預設網路涉及「從長期記憶中擷取資料，在意識中，以心理圖像和思想的形式呈現資料，並處理這些資料來解決問題和進行計畫。」換句話說，當我們放空時，大腦會陷入一種狀態，把記憶和預測混合在一起、思考問題，並替未來構思策略。賓德繼續推測這種心理活動的適應價值。「透過儲存、擷取和操作內部資料，我們把在刺激反應期間，無法組織的事情給組織起來、解決需要長時間計算的問題，並制定有效的計畫，來管理未來的行為。這些功能無疑為人類的生存和技術的發明，發揮了相當的貢獻。」

有一種更簡單又不那麼出乎意外的方法，來描述這些發現，就是人類的白日夢。我們不需要功能性磁振造影掃描儀，就可以發現自己的這種行為。而科學儀器**實際**揭示出來的，是白日夢需要多少能量。實際上，從神經活動的層面來看，遐想就像是完整的健身訓練。而涉及這種訓練的大腦區域，恰好是人類特有的區域。為什麼我們的大腦會花那麼多資源來做像白日夢這樣無害、且看似沒有用處的事情？這個謎團迫使另一組研究人員來調查，我們做白日夢時，到底在想些什麼。社會心理學家羅伊．鮑邁斯特（Roy Baumeister）近期進行了一項詳盡的研究調查：在一天當中隨機傳訊息給約五百名在芝加哥的人，詢問他們當下在想什麼。鮑邁斯特發現，如果他們沒有積極在進行特定的任務，他們很可能正在思考未來，想像著嚴格上來說，還沒有發生的事件和情緒。他們考慮未來事件的可能性，是過去事件的三倍。（即使他們在反覆思考過去的事件，該事件通常也與他們的未來有一定的相關性。）如果你退後一步思考這項發現，就會覺得有些令人費解的地方。人類似乎花了大量的時間來思考那些照理來說並不真實的事，也就是我們想像中虛構的事，因為這些事還沒有發生。這種以未來為導向的心思是大腦「預設網路」的關鍵特徵。當我們讓大腦放空時，自然就會開始跑出關於未來的想像場景。其實，我們並沒有像史考特．費茲傑羅（F. Scott Fitzgerald）在《大亨小傳》結尾所說的，「我們奮力向前，卻只是逆水行舟，不斷被推回到過去。」實際上，只要有機會，我們的思緒就會超越當下，思考未來。

心理學家馬汀．塞利格曼（Martin Seligman）最近主張，這種為未來事件建立實用假說、也就是會影響我們生活決策的長期預測能力，或許是人類智力的關鍵特質。他寫道：「最能區分我們和其他物種的，是科學家剛剛開始認識到的一種能力：思考未來。我們獨特的遠見創造了文明，並讓社會得以維持下去。對於我們這個物種更貼切的稱呼是計畫人（Homo prospectus），因為我們有對未來的展望，才得以蓬勃發展。正是此種展望未來的能力使我們變得有智慧。無論是有意識和無意識的，展望未來是我們大腦的核心功能。」

目前還不清楚，人類以外的動物是否對未來有任何真正的概念。有些生物表現出來的行為，顯示牠們有考慮到長遠的事情，例如松鼠會在冬天埋堅果，但是這些行為都是受到基因的本能影響，與認知無關。關於動物的時間計畫，最先進的研究所得出的結論是，大多數動物預先計畫的能力，只能做到提前幾分鐘的範圍。即使對於我們最親近的靈長類動物親戚，哪怕是要牠們在年底計畫明年暑假這樣簡單的事，對牠們來說，也是無法想像的。事實是，我們會不斷預測即將發生的事件，而這些預測會引導我們在生活中做出選擇。如果沒有預測的才智，我們會是完全不同的物種。

超級預測者的關鍵特質

我們的大腦演化出了一個預設網路，喜歡思考未來可能發生的事，但這並不意味著我們在預測未來方面無懈可擊，特別是時間軸拉得很長的全方位事件。幾十年前，政治學教授菲利普．泰特洛克（Philip Tetlock）進行了一系列著名的預測比賽，要求專家和公共知識分子，對未來的事件做出預測。泰特洛克召集了兩百八十四位來自不同領域機構和政治立場的「專家」。其中有些是政府官員，有些是在世界銀行這類機構工作，有些則是經常在各大報紙專欄上發表文章的公共知識分子。泰特洛克實驗的高明之處在於，他試圖衡量作家史都華．布蘭德（Stewart Brand）所謂的「長遠觀點」，即社會中更緩慢、更重大的變化，而不是新聞輪播的日常變化。有一些預測涉及到明年發生的事件，但有一些預測則要求參與者展望未來的十年。大多數問題都是地緣政治或經濟的問題，好比會有歐盟成員國在未來十年內退出歐盟嗎？在未來五年，美國會不會出現經濟衰退？

泰特洛克在研究過程中，收集了兩萬八千則預測，然後他採取一種重大的方法，這種方法是專欄作家和有線電視新聞名嘴幾乎從未提過的：泰特洛克把他們的預測與現實結果進行比較，並評等了預測者的相對準確性。為了有所對照，泰特洛克把人類的預測與簡單運算版本的預測進行了比較，例如「總是預測沒有變化」或「假定當前的變化率會持續下去」。如果要預測的是十年之內的美國赤字規模，那麼運算版本只會回答：「與現在相同。」另一種預測是要求計算赤字增長或縮小的速度，並據此計算十年的預測結果。

泰特洛克評估完所有的預測後，發現結果非常糟糕。大多數「專家」的準確度和黑猩猩擲飛鏢的命中率一樣差勁。當研究要求專家預測長期趨勢時，他們的實際表現比隨機猜測來得差。相反的，簡單的運算預測（「當前趨勢將繼續下去」）則勝過許多專家。從整體來看，泰特洛克發現，專家的知名度與他們的預測效力呈負相關。你的媒體曝光次數愈多，預測價值可能就愈低。

當泰特洛克最終在二〇〇九年的著作《專家的政治判斷》（*Expert Political Judgment*）中發表這些結果時，受到新聞媒體大幅地報導，這有點諷刺，因為泰特洛克寶貴的研究經驗似乎損及了媒體意見的權威。然而，泰特洛克確實發現了一群具有統計學意義的超級預測員，他們表現得比黑猩猩更好，甚至在長期預測方面也是如此。儘管他們的準確率並非百分之百，但是他們有種特別之處，可以幫助他們比其他人，更清楚地看到長遠的前景。因此，泰特洛克轉向了一個更加有趣的謎題：成功的預測者與騙子有何差別？不過，差別不在於常見的可疑因素，像是有博士學位、更高的智商、任職於著名機構，或能拿到機密資料，這些都不是造成差別的條件，與預測者的政治信仰也沒什麼關係。泰特洛克寫道，「關鍵在於他們**如何**思考」：

> 一組人傾向於依據「大理念」（big idea）來思考，儘管他們對於大理念的對錯，沒有達成一致意見。有些人是環境末日論者（「我們耗盡了一切資源」）；其他人則是富饒主義者的推手（「所有東西都能找到低成本的替代品」）。有些人是社會主義者（主張由國家控制經濟）；其他人則是自由市場基本主義者（希望政府把管制降到最低）。儘管他們意識形態分歧，但是他們有一點是共通的：他們的思

想深受意識形態影響。他們試圖強行用自己偏好的因果關係模板，來理解複雜的問題，不適合這些模板的問題則被視為無關的干擾因素……結果是，他們異常自信，更有可能宣稱某些事「不可能發生」或「肯定發生」……另一組則由更務實的專家組成，他們運用許多分析工具，並根據自己所面臨的特定問題，來選擇工具。這些專家從盡可能多的來源，收集盡可能多的資料……他們談論的是可能性和機率，而不是確定性。雖然沒有人喜歡說「我錯了」，但是這些專家比較願意承認錯誤，並改變自己的想法。1

泰特洛克借用了政治哲學家以賽亞・柏林（Isaiah Berlin）著名論文中的一個隱喻，柏林取用了一段古希臘詩人阿奇洛丘斯（Archilochus）的詩句：「狐狸觀天下事，刺蝟以一事觀天下。」並把預測者區分為刺蝟和狐狸兩個類型。在泰特洛克的分析中，狐狸會注意各種潛在的資料來源、願意承認不確定性，而不是執著於某項重大理論，結果在預測未來事件方面，他們比專注於單一領域的專家要強得多。狐狸是全方位的，而刺蝟是狹隘的。在試圖弄清一個複雜、不斷變化的情況時（如國民經濟或電腦發明之類的技術發展），單一領域的專業知識或世界觀等統一的觀點，會使你無法預測未來的變化。從長遠來看，你需要借助各種資源來尋找線索，所以涉獵廣泛者和業餘愛好者的表現會優於觀點單一的思想家。

泰特洛克還注意到，成功預測者的另一項有趣的特徵，這項發現來自人格類型的研究，而非方法論的研究。心理學家經常提到定義人格的「五大特質」：盡責性、外向性、親和性、情緒不穩定性和經驗開放性，最後一項有時也被稱為好奇心。當他根據這些基本特質，來評估預測者時，有一項特質特別明顯：成功的預測者比較可能對經驗持開放態度。泰特洛克寫道：「大部分不是來自迦納的人，會覺得『誰將贏得迦納總統選舉？』這樣的問題，對他們毫無意義。他們不知道這個問題要從哪裡切入，或者何必費心去想。但是，當我向成功預測者如道格．羅區（Doug Lorch）提出這個假設性的問題，並詢問他的意見時，他只說：『嗯，這是一個認識迦納的機會。』」[2]

預測何以失敗？推論謬誤思維

但是，泰特洛克的超級預測者也並非先知。在預測未來方面，他們整體比普通刺蝟派的正確度高出大約二〇％，這意味著他們僅是險勝。在歷史上，有太多關於人們沒有看出重大發展趨勢的故事，相關書籍在圖書館中不計其數。但事後看來，這些趨勢對我們而言似乎是顯而易見的，例如，以前幾乎沒有人預測過，個人電腦可以與網路連線。從H．G．威爾斯（H. G. Wells）的「世界之腦」（global brain）構想開始，❶許多科幻小說的敘事都想像著某種集中、機械式的超級智慧，可以為人類最重大的問題提供諮詢。但幾乎沒有人能想到，電腦會成為便宜、方便攜帶的家用電器，而且還可用於日常生活與工作中，例如閱讀顧問專欄或查詢賽事

❶威爾斯希望建立一個如世界百科全書的機制，以期讓各種專業知識、創新發明與公共事務結合，解決社會問題。

成績，即使對於當時社會上那些預測未來發展的人來說，都顯得難以想像！（唯一一個例外，是一九四七年《名為喬的邏輯》（*A Logic Named Joe*）這篇晦澀難懂的短篇小說，書中的設備不僅與現代的個人電腦極為相似，而且還有比 Google 更早出現的查詢功能。）

當時科幻小說未能預料到可與網路連線的個人電腦，而我們對未來的交通發展，也曾做出了同樣錯誤的估計。在二十世紀中葉，這時期的大多數科幻小說作家都認為，太空旅行將在二十世紀末成為習以為常的平民活動，但卻嚴重低估了微處理器的影響，因而導致了科幻作品學者格里．韋斯特費爾（Gary Westfahl）所稱的「太空飛船飛行員手動調整計算尺，以重新計算航道的荒謬場景。」[3]不知怎麼的，以前的人想像人類會在火星建立殖民地，竟比想像在個人電腦上查看天氣預報以及與朋友聊天，要容易得多。[4]

為什麼個人電腦連接網路會這麼難預測？這個問題很重要，因為它導致我們最有遠見的作家都無法想像數位革命，並迫使他們瘋狂地高估了太空旅行的未來。這樣的影響力可以告訴我們，當我們嘗試預測複雜系統的行為時，預測是如何失敗的。最簡單的解釋，是韋斯特費爾所說的「推論謬誤」（fallacy of extrapolation）：

假設一個已識別出來的趨勢，將始終以同樣的方式、無限期地延續下去。因此，喬治．歐威爾（George Orwell）在一九四〇年代觀察到極權主義政府在穩定發展，並預測這種趨勢將持續到一九八四年，一直到吞噬整個世界為止。如同許多評論家一樣，一九五二年羅伯特．海萊恩（Robert A. Heinlein）在《銀河系科幻小說》雜誌（*Galaxy Science Fiction*）中發表了標題為〈往何處去〉（Where To?）的文章，他注意到，在上個世紀社會要求人們穿衣服的尺度逐漸放寬，便自信地預言，在未來人們可以完全接受公開的裸體。5

太空旅行是推論謬誤在作祟的最重要例證。從大約一八二〇年到一九七六年左右，也就是從鐵路的發明，到協和式客機的超音速飛行，後者急速加快了人類旅行的最高速度。僅僅在一百多年內，我們從時速六十四公里的火車（這是人類當時最快的移動速度），到超音速的噴射機和火箭，運輸速度變快了二十倍以上。順理成章的，這種趨勢似乎會持續下去，人類很快將以每小時三萬兩千公里的速度旅行世界，因此，前往火星和乘坐噴射機橫跨大西洋兩岸，是同樣隨後就會發生的事情。但是，當然，最快速度的上升曲線遇到了一系列意料之外的障礙，部分涉及物理定律，部分涉及全世界太空計畫經費的減少。實際上，隨著協和式客機的退役，在過去二十年裡，民航機的平均最快速度已經**下降**。殖民火星的預測失敗了，因為當前的趨勢並沒有繼續保持在穩定的狀態。

而網路化的個人電腦是另一種問題。在大約一個半世紀的時間裡，由於設計引擎的問題涉及到有限、相對穩定的學科，因此運輸速度是可預測的。這些學科包含熱力學和機械工程，也許還用到一些化學知識，實驗不同類型的推動來源。但是，以發明現代數位電腦來說，所需要的知識領域更多元。電腦運算始於數學，但是它還得依賴電機、機器人技術和微波信號處理，更不用說使用者界面設計等全新領域了。當所有不同領域都按正常的節奏努力進步時，改變類別（category-changing）的突破就出現了，這種進步的變化是難以事先預測的。晶片的價格變得如此便宜，可以歸功於固態物理學的進步，這使我們能夠把半導體當成邏輯閘，以及歸功於供應鏈管理的進步，使像 iPhone 這樣的設備，能夠用地球另一端製造的零件組裝起來。

這就是為什麼這麼多聰明人對個人電腦都有盲點了。要料想到電腦的出現，你必須了解，程式設計的符號語言將超越早期電腦的簡單數學運算；你必須了解，矽和積體電路將替代真空管；可以透過無線電波，傳遞數位資料，取代以往的類比訊號；可以精確控制陰極射線管發射到螢幕上的電子，形成清晰的字元；由分散的節點可以形成穩定的網路，而無須任何監控設備來控制整個系統。要理解這一切，你必須是數學家、供應鏈經理、資訊理論家和固態物理學家。十九世紀和二十世紀的物理加速度，就整體的成就而言，只不過是同一個主題的延伸：燃燒某些東西，並把釋放的能量轉化為運動。但是，電腦可是各領域集於大成的交響曲。

泰特洛克實驗中的專家和科幻作家缺乏遠見，也許僅僅是一個跡象，顯示地緣政治和資訊技術這樣複雜的系統，基本上是不可預測的，因為它們涉及的變數太多，分散在太多不同的領域。但真的是這樣嗎？如果是這樣，我們如何做出更好的長期決策呢？為了做出成功的決定，你必須充分了解自己可選擇的路徑，及其能帶你前往的方向，不能憑靠運氣。如果前方的道路視線模糊，你是無法看得遠的。

在預測複雜系統的未來情況方面，我們是否在某些領域獲得了明確的進展，而不光只是超級預測者那樣逐步提升準確度而已？如果有些領域獲得明確的進展，我們可以從當中的成果，學到什麼嗎？

提升預測敏銳度的重大變革

在達爾文決定要結婚的幾年後，他開始經歷不知名的嘔吐症狀，這種狀況後來困擾他一生。最後，他的醫生建議他離開倫敦休養。醫生並不光只是把他送去鄉下休息一下，還計畫了更加具體的干預措施，要把他送去接受水療。

達爾文接受了醫生的建議，其實當時許多知識分子已經接受過水療，比如：詩人丁尼生（Alfred Tennyson）、南丁格爾、狄更斯和喬治．艾略特的伴侶喬治．亨利．路易斯（George Henry Lewes）。水療診所位於馬爾文（Malvern）鎮上一個傳奇的天然泉附近，由詹姆斯．曼比．蓋利（James Manby Gully）和詹姆斯．威爾遜

（James Wilson）兩位醫生在十年前成立。用現代的話來說，馬爾文診所會被歸類為「全人」（holistic）❷健康療法的最極端，但在當時，它與真正的醫學並無太大差別。達爾文去了幾次馬爾文做水療，並寫了許多信在思索水療法的科學有效性。（正如我們將看到的，他有理由該擔心，因為他此生的大悲劇就是在馬爾文發生的。）蓋利和威爾遜醫生所設計的療法包括，把大量冰冷的水倒在患者身上，然後用濕被子把他們包裹起來，並強迫他們靜靜地躺上數個小時。特別是蓋利醫生，他似乎很樂於嘗試所有可以想像到的全人療法或精神治療。在一封信中，達爾文嘲笑這名醫生為自己家人安排的「醫療」介入措施：「當他的女兒病重時，」他描述到蓋利醫生，「他讓一名具有透視能力的女孩來報告女兒的體內變化、一名催眠師讓她入睡、一名順勢療法醫生……而他自己就是水療醫生。」[6]

儘管達爾文心存疑慮，他仍然返回馬爾文，這表明他還是相信水療法確實有治

❷全人照護是以病人為中心，提供包括身體、心智、情緒、社會及靈性等各方面的醫療照護。

療效果。儘管離開倫敦汙染的混亂環境和喝上幾週純淨的水，這樣簡單的舉動確實可以帶來健康益處，但是水療診所所採用的特定療法，幾乎肯定對患者的狀況沒有任何積極的影響，除了也許有一點安慰劑作用罷了。[7] 水療法似乎沒有任何醫療價值，但是這個事實並不沒有阻止蓋利和威爾遜享譽英國，成為「神醫」。

這種聲譽可能是因為，那時水療法勝過許多同期常見的醫療介入措施，像是砒霜、鉛和放血就是當時知名醫生常用的處方或療法。當你想到那個時期的一些工程和科學成就，例如達爾文的驚世思想和鐵路的發明，就會覺得很怪異，醫療知識竟沒有跟上腳步，還停留在黑暗時代的神祕主義階段。達爾文面臨著人所能想像到的最艱難決定：對於這種虛弱的疾病，應該尋求哪種療法？而他的選擇基本上是，我應該讓這位醫生給我倒一桶冰水，還是選擇水蛭療法？

在我們今天看來，這個選擇很可笑，但是當時怎麼會這樣呢？維多利亞時代在許多領域都有偉大的成就，但是在醫學方面怎麼會如此落後？有一種很貼切的說法是，整體而言，維多利亞時代的醫學違背了希波克拉底誓詞（Hippocratic oath），❸當時醫生採取的介入措施是弊大於利。在那種環境下，一般維多利亞人若想活命，不採取任何醫療建議還比較好。

這種缺乏醫療知識的奇怪情形，是由很多原因造成的，而其中之一是：維多利亞時代的醫生無法藉由任何可靠的方式來預測未來，至少他們無法預測治療效果。他們可能向你保證，倒冰水在身上或服用砒霜會治療你的肺結核，但是他們根本無法知道該療法對這種病是否有任何效用，每個醫學預言都是基於傳聞、直覺和道聽塗說之上。而維多利亞時代的醫生之所以缺乏遠見，部分原因是因為他們無法使用我們現在認為理所當然的醫療工具，如：X光機、功能性磁振造影掃描儀、電子顯微鏡等。此外，他們還缺乏**概念**工具：隨機對照試驗。

一九四八年，《英國醫學雜誌》（*British Medical Journal*）發表了一篇名為〈鏈黴素治療肺結核〉（Streptomycin treatment of pulmonary tuberculosis）的論文，分析一種新型抗生素對肺結核患者的治療作用。該研究由許多研究人員共同撰寫，但由英國統計學家和流行病學家奧斯丁・布拉德福德・希爾（Austin Bradford

---

❸ 俗稱醫師誓詞，為醫生行醫的道德準則。

Hill）主導。實際上，用鏈黴素治療肺結核是醫學上的進步，但是希爾的研究之所以完全創新，並不是研究的內容，而是研究的形式。〈鏈黴素治療肺結核〉被大家認為是醫學研究史上第一項隨機對照試驗。

有些發明改變了我們運用世上物質的方式，還有些發明影響了我們使用資料的方式，而有些新的方法則讓我們看到之前從未見過的資料模式。像所有隨機對照試驗一樣，肺結核實驗也依賴群體的智慧。畢竟，只給一、兩名患者注射抗生素，並在報告上紀錄他們是死是活，這樣做是不夠的。希爾的鏈黴素研究涉及一百多名受試者，他們被隨機分為兩組，一組給予抗生素，另一組給予安慰劑。

一旦你有了足夠大的樣本量和隨機挑選的對照組，神奇的事就發生了：你有了工具，可以區分出真正的醫療介入措施與江湖騙術。自此，你能預測未來的事件，以上述例子而言，你可以預測對肺結核患者開立鏈黴素的結果。當然，這樣的預測並非百分之百準確，但是，即使醫生不了解使這些因果關係成真的所有因素，也開了先例可以讓他們真正嚴謹地繪製出因果關係圖。如果有人提出水療法可以更有效地治療肺結核，那麼你可以用實證研究來檢驗該假設。隨機對照試驗幾乎立刻改變了醫學史的進程。就在肺結核試驗進行幾年之後，希爾繼續進行了具有里程碑意義的隨機對照試驗，分析了吸菸對健康的影響，這可以說是第一個以合理嚴謹的研究，證明吸菸對我們的健康有害。

隨機對照試驗的弔詭之處在於，它在科學進步舞台上太晚出現了。直到我們擁有功能足夠強大的顯微鏡，能觀察細菌和病毒之後，細菌理論才成為成熟的概念。眾所周知的是，佛洛伊德之所以放棄研究大腦生理功能，是因為他無法使用類似功能性磁振造影的掃描工具。但是，隨機對照試驗的想法並未因為一些工具尚未問世而受到阻礙。你可以在一七四八年輕鬆地進行隨機對照試驗。（事實上，英國船醫詹姆斯．林德〔James Lind〕在調查壞血病的原因時，幾乎差一點就發現了這種方法，但是他使用的技術從未流行起來，林德本人似乎也沒有完全相信他的實驗結果。）[8]

在達爾文與蓋利互動和接受水療的過程中，你會明白達爾文也努力觀察出一套隨機對照試驗的機制。他分別紀錄了每次接受治療的日期和時間、治療前的身體狀況，以及治療後當晚的後續狀況（可以感覺到達爾文會是健康智慧手錶 Fitbit 的死忠粉絲）。[9]這是現代「量化生活」（quantified self）❹的早期雛形，其核心是一個嚴肅的科學問題：達爾文在尋找資料中的模式，以幫助他確定蓋利是庸醫，還是有遠見的人。他正在對自己的身體進行序貫實驗（sequential experiment），❺但是，這個實驗的架構缺少一些基本要素：你不能在單一受試者身上進行隨機對照試驗，而是需要某種「對照」，來衡量醫療介入措施的效果。無論達爾文把他的水療實驗紀錄得多麼鉅細靡遺，照理說他沒辦法在**自己**身上做安慰劑實驗。

在隨後的幾十年中，有少部分、但愈來愈多的人開始認為，有一種新的統計方法可以用於評估不同醫療介入措施的效果，但當時尚不清楚該技術會帶來多大的改變。直到一九二三年，著名醫學期刊《柳葉刀》（*The Lancet*）提出了這個問題：「究竟是像有些人認為的那樣，把數值方法應用於醫學，是瑣碎且浪費時間的噱頭，還是像其他人所宣稱的，是醫學這門技術發展的重要階段？」現在來看這些字句，似乎顯得非常幼稚可笑。（好像在說，「這種新的符號書寫技術真的會造成影響，還是只是一時潮流？專家之間的意見分歧。」）但是，我們毫無疑問地知道，正如《柳葉刀》所說的，隨機對照試驗不僅是「醫學這門技術發展的重要階段」。

實際上，更是把醫學從技術變成科學的突破。有史以來第一次，當患者需要治療疾病或病痛，卻不知如何選擇時，他們可以從成千上百其他面臨類似問題的人身上學習經驗。隨機對照試驗賦予人類新的超能力，這與數位電腦不可思議的快速計算或噴氣引擎的驚人推進力，有幾分相似。在複雜的決策領域，例如我應該採取什麼方法來治療疾病上，如今我們可以用來預測未來的敏銳度，是一百年前的人無法想像的。

氣象學的洞見啟示

一八五九年十月二十五日下午，鋼製船身的蒸汽船皇家憲章號（Royal Charter）載著從澳洲淘金熱帶回來的貨物，一路從墨爾本要回到利物浦，這兩萬兩

---

❹ 量化生活指把自己身體的狀況數據化。

❺ 序貫實驗指逐一試驗並分析，一旦可下結論時，立即停止試驗。

千五百公里的航程已經接近尾聲，然而這時海上颳起了風。傳聞中，在氣壓開始急劇下降後，船長湯馬斯．泰勒（Thomas Taylor）駁回了避風進港的建議。船長認為，在如此接近利物浦的情況下，沒有趕在風暴之前回到利物浦，實在是荒謬。然而，在幾小時內就爆發了暴風雨，成為愛爾蘭海有史以來最強大的風暴之一。船長迅速放棄航向利物浦的計畫，放下了帆，要停靠在附近海岸，但是狂風駭浪很快就吞沒了這艘船。皇家憲章號受到風暴的襲擊，在安格爾西島（Angelsey）的威爾什（Welsh）、距利物浦僅約一百一十公里的地方，撞上了岩石。船身斷成三截，然後沉沒。大約四百五十名乘客和船員喪生，其中許多人因猛烈撞上礁岩而身亡。

後來這次風暴被稱為皇家憲章風暴，最終奪走了近一千條人命，並摧毀了英格蘭、蘇格蘭和威爾什沿海數百艘船隻。在風暴過後的幾週內，達爾文所搭乘的小獵犬號的船長羅伯特．費茲羅伊（Robert FitzRoy）在倫敦辦公室裡，看到有關船難的報導，愈看愈氣憤。費茲羅伊從船長卸任之後，擔任貿易委員會氣象局的局長文職，這個現稱氣象局的機構是他於一八五四年成立的。

今天，氣象局是政府機構，負責英國的天氣預報，相當於美國的國家氣象局，但氣象局最初的權限與預測**未來的**天氣事件無關。相反的，費茲羅伊成立該部門是希望藉由研究全球風向的模式，來計算更快的航運路線。當時氣象局的科學研究方向不是確認明天的天氣，而是想知道天氣的**整體**情況，預測天氣完全屬於民間智慧和不精準年曆的領域。在一八五四年，有一名國會議員建議，也許能用科學方法提前二十四小時預測倫敦的天氣，當時他被眾人嘲笑。[10]但是費茲羅伊和其他一些有遠見的人，開始設想把虛幻的天氣預測，變成類似於科學的東西。費茲羅伊的計畫受益於過去十年中所取得的三項重要發展，包含：對於暴風和低壓槽之間的關聯，已有粗淺、但實用的理解；愈來愈精確的氣壓計，可以測量大氣壓力的變化；以及可以把這些數據傳回倫敦氣象局總部的電報網絡。

受到皇家憲章號風暴災難的刺激，費茲羅伊在英國海岸城鎮建立了一個由十四個觀測站組成的網絡，紀錄天氣數據，並傳回總部進行分析。費茲羅伊與氣象局的一個小組合作，用手抄寫數據，做成了第一代的氣象圖，提供海上旅行者事先警報。畢竟，當年皇家憲章號就是未能接收到警報，因而釀出人命。

起初，氣象局使用這些數據，僅限於警告船隻即將到來的風暴，但他們很快就發現，他們收集的預測，對於陸上平民的生活同樣也很重要。[11]費茲羅伊為這些預測創造了一個新名詞，以與之前江湖術士的占卜區分開來。他稱天氣報告為「預報」（forecast），他解釋說：「這不是預言或預測，因為預報一詞嚴格說來，是科學組合和計算得出的意見結果。」[12]第一個有科學依據的預報出現在一八六一年八月一日的《泰晤士報》，預測倫敦的氣溫為華氏六十二度、天氣晴朗和吹西南風。事實證明，天氣預報是準確的，當天溫度最高來到華氏六十一度。很快的，天氣預報成為了大多數報紙的主要內容，儘管其他預報很少像費茲羅伊最初的預測一樣準確。

儘管有了電報網絡和氣壓表，還有費茲羅伊誇耀的「科學組合和計算」，但是十九世紀氣象學的預測能力仍然非常有限。費茲羅伊於一八六二年出版了一部巨著，解釋了他的氣候成因理論，但這些理論大部分都經不起時間的考驗。據說，著名的統計學家法蘭西斯・高爾頓（Francis Galton）在評估氣象局的預測技術後發現，「沒有做任何紀錄，也沒有經過計算。操作大約需要半小時，而且靠的是心算。」[13]（由於費茲羅伊廣受批評，以及他認為演化論是違反《聖經》的，他自責於栽培出達爾文這名異教徒，所以在一八六五年自殺了。）在當時，由於天氣預報員無法建立大氣層的即時模型，因此他們是依賴歷年來的模式來辨識天氣情形。他們建立了圖表，紀錄了所有觀測站接收到的數據，並繪製了報告上的溫度、壓力、濕度、風向和降水的圖表。[14] 然後這些圖表被保存起來，作為天氣情況的歷史紀錄。當新的天氣情況出現時，預報員會參考類似當前模式的早期圖表，據此預測第二天的天氣。如果英國西南部威爾斯（Wales）沿海出現低壓系統和涼爽的南風，而且東南部薩里郡（Surrey）上空出現了暖高壓，那麼預報員就會查看過往紀錄，尋找類似的情況，並根據以前的例子，預測接下來幾天的天氣情況。與其說是適當的預報，不如說是有根據的猜測，但超過二十四小時後，其預測能力就持續下降。不過相較於之前，所有天氣預測的特色是用茶葉來占卜，這是一個明顯的進步。

二十世紀的前幾十年中，因為流體動力學的科學發展，人們可以想像用模型來建構天氣系統的內部活動，而不單單只是查看不同天氣形態之間的表面相似性。英國科學家路易斯．弗萊．理察森（Lewis Fry Richardson）於一九二三年寫了一本羅列繁雜公式的小書，名為《數值天氣預報》（*Weather Prediction by Numerical*

Process），提出了與書名相同的方式，用數學方法預測天氣，與醫學期刊《柳葉刀》在思考把統計方法的優點導入醫學的時間點大致相同。然而，理察森的建議有一個問題，他自己也很清楚，那就是計算複雜：你無法在預測的情況下，大量計算數字。你也許可以建立模型，預測二十四小時後的天氣，但是實際計算就需要花掉**三十六小時**了。理察森意識到，可以發明機械設備來加速這個過程，但是他的語氣有些悲觀：「也許在黯淡未來的某一天，運算的速度可以進步、超過天氣的變化速度，而且獲得資料的成本符合效益，可以取代龐大的人力計算，但這是一個夢想。」[15]

當然，這樣的機械設備確實出現了，到一九七〇年代，美國國家氣象局開始用電腦模擬大氣系統，可以用數小時、而不是數天的時間就做出天氣預報。今日，儘管天氣預報仍偶爾會出現尷尬、有時甚至是致命的盲點；像龍捲風這樣超級本地型的天氣，仍然很難預先繪製動向，但是在龍捲風觸地時，氣象單位幾乎都有辦法在二十四小時前發出區域型警告。現在，以小時為單位的天氣預報已經非常準確了，但是真正進步的是在長期預報方面。在上一代的時候，未來十天的預報幾乎是沒有用的。超過四十八小時的天氣預報，等於回到農民曆的範疇。如今，未來十天的天氣預報準確度遠勝過機率，尤其是在冬季，天氣系統較大，因此更容易建立模型。這種進步不光是因為每秒可以進行更大量的資料計算。新的天氣模型之所以比以前的模型準確得多，是因為它們依賴全新的技術，即所謂的系集預報（ensemble forecasting）。以前用的是像路易斯・弗萊・理察森所建議的模型，即根據「數值計算」來測量當前天氣的初始條件，並預測未來天氣事件的順序。而系集預報則是產生數百或數千個不同的預報，並且在每個單獨的模擬情況中，使用電腦略微改變初始條件，像是把這裡的壓力降低了幾個刻度，把那裡的溫度升高了幾度。如果在一百個模擬情況中，九十個顯示颱風加快了速度，朝東北移動，那麼氣象學家會發布一個發生機率高的颱風預報，表明颱風將加快速度，往東北移動。如果只有五〇％的模擬圖顯示這種模式，那麼氣象學家就發布確定性較低的預報。

人們仍然會半開玩笑地說，氣象預報有多不準，但是實際上，由於系集預報的整合技術，在過去的幾十年中，預報已經愈來愈準確。有鑑於變數的數量，以及貫穿這些變數的複雜影響鏈，像天氣這樣的混沌系統，幾週之後的狀況可能是永遠無法完全預測的。但是，在過去的幾十年中，我們的預測技能以驚人的速度進步。如今，天氣預報有如家常便飯，我們很少停下來思考它，但是事實是，我們在這個領域的預測準確度，可以讓我們的祖父輩感到震驚。名副其實的，系集模擬就像醫學研究的隨機對照試驗，給了我們神機妙算的新力量。我們的預測能力不再只取決於大腦預設網路的假設情境。我們擁有的策略和技術可以將我們的視野延伸到未來。問題是，我們可以把這些工具應用於其他類型的決策嗎？

有效預見未來的模擬技巧

當我們做出困難的選擇時，我們隱含地在預測未來事件的方向。當我們決定在持續成長的城市郊外建造公園時，我們預計公園將吸引固定的訪客。所以在未來幾年中，城市將擴張，把這座市郊的公園變成市內的公園。從長遠來看，用商業發展取代開放空間，到頭來對城市的發展是負面的，因為綠地會愈來愈稀缺。然而，這些都不是預設的結果，而是預測的情形，有一定程度的誤差。因此，當我們看到其他的預測方法（例如在醫學或氣象學領域），準確度能大幅提升時，我們應該多留意。想想泰特洛克的狐狸和刺蝟。擁有多種興趣和對經驗持開放態度，對社會預測員很有幫助，而這點也意味著，其可以直接應用於個人選擇領域。在泰特洛克的研究中，狹隘的方法不僅使你與擲飛鏢的黑猩猩並無二致，還讓你**變得更糟**。光是這一點就給我們一個寶貴的經驗：在困難的選擇中，片面的想法被高估了。

把這三種預測，即隨機對照試驗的醫學預測、氣象預測，以及未來學家和專家的社會預測，想像為三名患者，患有慢性近視，使他們無法準確預測未來的事件。在整個人類歷史中，這三名患者都得了病，直到十九世紀末和二十世紀初，一些新的觀念融合在一起，使前兩名患者能夠以實證經驗的方式，提升他們的視力。不過，兩者橫跨的時間範圍是不同的：醫學的隨機對照試驗讓我們了解未來幾年，甚至幾十年的情形；天氣預報則讓我們了解接下來一個星期的氣象。它們都達到了某種閾值點，把虛假的預言變成了有意義的信號，但是社會預測並沒有經歷等效的大規模變化。為什麼？

儘管存在各種差異，但隨機對照試驗和天氣預報具有共同的特徵。這兩名患者都透過多種**模擬**，從自己努力解決的問題中找到了智慧，像是：這種藥是否有助於治療我的疾病？颱風會在星期二登陸嗎？在隨機對照試驗中，是藉由找成千上百個患有相似醫學狀況的患者，來服用藥物或安慰劑，以進行模擬；在天氣預報中，則是透過系集預報，產生成千上百個大氣模型來模擬，而每個模型的初始條件都略有變化。儘管藥物試驗中的患者並不是你本人，也並非你個人情況的精準翻版，而且大家的情況都非常複雜，但由於這些患者夠雷同，加上樣本人數眾多，所以在了解你考慮服用的藥物的長期效果上，資料中匯集的模式可以透露一些有用的訊息。

另一方面，社會預測通常無法奢求能有可參考的替代現實，像是蘇聯能否熬過一九九〇年代？因此要討論的預測就無法經過數百次的模擬。這正是理解為什麼我們的醫學和氣象預報變得如此準確，而我們的社會預測仍然如此模糊的關鍵。但這並不是說，以系統的層面來看，社會變革或技術變革，哪一方**比較複雜**。畢竟，地球大氣層就是一個非常具代表性的複雜系統，重點在於當我們談論地緣政治或技術發明的未來變化時，我們通常無法進行模擬。

事實上，系集模擬非常強大，以至於你不必完全了解系統運作的機制，就能對其未來行為做出有用的預測。當奧斯丁・布拉德福德・希爾和他的團隊在一九四〇年代後期試驗鏈黴素時，他們沒有細胞生物學知識，無法從現代醫學的角度解釋**為什麼**抗生素能對抗肺結核。但是即使這樣，隨機對照試驗使他們能開發出治療方案，因為他們透過提供數百名患者藥物（和安慰劑），獲取了實驗數據，並從中發現了一種模式。但如果只將藥物提供給單一患者，他們未必能發現該模式。

模擬可以使我們成為更好的決策者，因為模擬讓我們更能預測未來事件，即使我們要建立的系統包含成千上萬個變數。但當然，透過隨機對照試驗或系集預報來探索小規模的群體決策時，會困難得多。以職涯為例，如果我們可以同時運用不同的經驗，並嘗試不同的選擇和結果，那就更能好好地預測我們職涯選擇的影響路徑。把時間倒帶，然後重新投入你的工作，只是這次，你和你的合作夥伴決定在其他地區開餐廳，或從餐廳跨行到精品店。這個選擇會怎樣改變你未來的生活走向？達爾文預測，結婚會減少他「跟俱樂部裡聰明的人聊天」的時間，但是如果他能夠對人生進行多種模擬：在這個模擬中，他娶了艾瑪；在那個模擬中，他維持單身。這樣一來，他就會更了解，結婚是否真的會帶來那些犧牲。模擬使我們更能好好地預測，而成功的預測使我們成為更好的決策者。那麼，我們如何模擬出人生中最重要的個人或集體選擇呢？

突破思維盲點的賽局遊戲

二〇一一年四月七日晚上，兩架匿蹤黑鷹直升機接近了三層樓高的大院，四周是混凝土牆和帶刺的鐵絲網。在夜幕的掩護下，一架黑鷹盤旋在屋頂上，而海豹突擊隊第六分隊放下繩索，隊員滑下來到建築物的屋頂。另一架直升機在院子裡放下另一支分隊。幾分鐘後，這兩個分隊又爬上直升機，消失在夜色中。

在整個行動過程中，沒有人開槍，也沒有恐怖分子的首腦被逮捕，因為這棟大院不是在亞波特巴德的郊區，而是在北卡羅來納州的布拉格堡（Fort Bragg）。在歐巴馬總統考慮攻擊巴基斯坦大院的四種選擇時，由威廉．麥克雷文將軍（William McRaven）率領的特別行動小組已開始模擬提案中的直升機突襲。在模擬行動中，現實生活中的真實建築取代了桌上的大院模型，而該建築與亞波特巴德的大院和地面環境的規模相仿。但是，即使重現了建築物細節，布拉格堡的模擬行動也無法重建實際襲擊的一項關鍵要素：巴基斯坦東北部的炎熱與高海拔氣候。幾週後，同一支隊伍聚集在內華達州的一個基地，該基地海拔約一千兩百公尺，幾乎與該大院的海拔高度一致。對於此次實戰演習，麥克雷文沒有大費周章地去建造一個全尺寸的模擬建築來代表大院。他們只是疊放了一些貨櫃屋，並用鐵絲網柵欄把貨櫃屋給圍起來，來表示大院的混凝土牆位置。這次的模擬更著重於直升機及其在這種海拔地區的表現。馬克．鮑登寫道：「在真正的任務時，直升機必須飛行九十分鐘，才能抵達亞波特巴德的上空。他們要低空飛過，而且非常迅速，以避開巴基斯坦的雷達偵測。任務計畫者必須精確測試直升機在那樣的海拔高度和預期氣溫下的表現。比方說，在執行任務時，直升機可以承載多少重量？最初他們以為，可以在不用加油的情況下往返，但是安全油量太少了，直升機在回程時燃料會不夠，因此必須有中途加油區。」16

我們希望部隊在開始執行危險任務之前，先演練一下。但是在北卡羅來納州和內華達州進行的模擬突襲行動，是在歐巴馬決定使用黑鷹直升機襲擊大院**之前**進行的。特種作戰部隊不僅是練習攻擊，他們也是在模擬攻擊，以便能更了解黑鷹直升機進入巴基斯坦領空後，可能出現什麼問題。模擬是決策過程的關鍵部分。歸根結柢，他們要尋找的是在特定情況下進行突襲的非預期結果。眾人皆知，一九八〇年營救伊朗人質的嘗試失敗了，部分原因是直升機遭遇了哈布風（haboob），這是中東常見的嚴重沙塵暴。在那次風暴中，美國一架直升機嚴重損壞，最終被迫中止任務。如果麥克雷文將軍仍主張採用海豹突擊隊第六分隊的方案，他得探究所有任務可能出錯的方式。

諾貝爾獎得主湯瑪斯．謝林（Thomas Schelling）曾經指出：「一個人無論多麼嚴謹地去分析或想像力多麼出眾，都無法擬定一份清單，列出他永遠不會想到的事情。」然而，困難的選擇通常需要我們天馬行空的跳躍式思考：把在剛開始苦思決定時，還沒發現的新可能性給挖掘出來；用某種方式找到「未知的未知」，也就是那些壓根沒想過的事情。謝林是傑出的經濟學家和外交政策分析師，具有「嚴謹分析」的能力，鮮少有人能與他匹敵。但是，在一九五〇年代末和一九六〇年代，他在智庫蘭德公司（RAND Corporation）工作的幾年中，他提倡一種較不嚴格的方式來思考盲點：賽局理論。

謝林和蘭德公司的同事赫爾曼・卡恩（Herman Kahn）設計的戰爭遊戲已被該時期的歷史學家和其他編年史家充分地紀錄下來。從主導冷戰時期的許多軍事戰略以及爭議性的相互保證毀滅戰略（Mutually Assured Destruction），到建立華盛頓和莫斯科之間的「美蘇熱線」，再到史丹利・庫伯力克（Stanley Kubrick）的經典電影中的主角奇愛博士，概念都是源自於他們兩人。但是，戰爭賽局的傳統卻有更悠久的淵源。在十九世紀的前幾十年中，普魯士一對軍官父子創造了一款戰棋遊戲，名為《戰爭遊戲》（Kriegsspiel，德語原意即為「戰爭遊戲」），來模擬軍事戰役。這款遊戲類似現代遊戲，如桌遊《戰國風雲》（Risk）的更複雜版本。玩家把代表不同軍事單位的棋子放在地圖上，而該遊戲最多可容納十名玩家組成不同的團隊，每個團隊內都設有分級的指揮系統。《戰爭遊戲》甚至有遊戲機制，模擬現場指揮官與部隊之間的通信中斷，從而模擬「戰爭迷霧」。❻《戰爭遊戲》就像現代

❻ 戰爭迷霧，在傳統意義上是指戰爭中，由於情報不明，無法確認敵軍的兵力分布與動向，強調戰爭的困惑性與不可預測性。

桌遊《海戰棋》（Battleship）一樣，在兩個不同的棋盤上進行，所以雙方都不清楚對方的舉動。由「遊戲主持人」在兩個棋盤之間來回穿梭，監督遊戲的進行，這個角色替一九七〇年代隨著奇幻故事桌遊出現的地下城主（Dungeon Master）❼開了先河。

《戰爭遊戲》成為普魯士軍隊軍官訓練的重要部分。在俾斯麥的指揮下，普魯士取得一連串軍事勝利，顯示這款遊戲替普魯士帶來戰略優勢，所以該遊戲的翻譯版本被引進其他國家的武裝部隊。這款遊戲可能在第一次世界大戰最終災難性的軍事行動中，發揮了一定的作用。在德國把目標瞄準法國之前，德國曾使用《戰爭遊戲》模擬入侵荷蘭和比利時。觀念藝術家和哲學家喬納森・奇茨（Jonathon Keats）寫道：「這款遊戲判定了只要德國能夠迅速補充彈藥，德國就會擊敗法國。因此，德國建立了世界上第一個機動化的補給營，於一九一四年部署執行。如果參戰的只有德國和法國軍隊，那麼德軍的計畫可能會完美奏效。」[17]然而，這款遊戲未能預料到，比利時會破壞自己的鐵路系統，進而破壞了德國的補給鏈，而且遊戲也沒有外交模擬機制，所以沒有料到美國會捲入這場衝突。

美國海軍戰爭學院自一八八四年成立以來，一直進行紙上作戰，但是在第一次世界大戰之後的十年中，海軍使用真實的飛機和軍艦（沒有炸彈和子彈就是了），把戰爭遊戲推向了新的高度。這些以「艦隊問題」後面加上羅馬數字來命名的演習，探討了各種問題，從防禦巴拿馬運河，到日益增加的潛艇攻擊威脅不等。比方說，「艦隊問題 XIII」於一九三二年在遼闊的海域進行，從夏威夷到聖地牙哥，一直向北至普吉特海灣（Puget Sound），模擬了從太平洋對美軍基地進行空襲。演習清楚顯示，美軍很容易受到西邊鄰國「已確定的侵略者」的攻擊，並建議需要六至八個航空母艦戰鬥群，才能建立起適當的防禦。[18]但這個建議被忽略了，主要是因為大蕭條期間的預算限制。但是在一九四一年十二月七日，這個預測以悲劇性的方式被證實是準確的。如果美軍成功地運用了「艦隊問題 XIII」的寶貴經驗，那麼日本可能無法成功偷襲珍珠港，或者根本就不會發生。

儘管並非所有的戰爭遊戲都是完美的水晶球，可以預測未來。但是，用戰爭遊

❼地下城主，出自《龍與地下城》系列桌上角色扮演遊戲，指設計遊戲走向的遊戲主持人。

戲來鍛鍊腦力，它們的功能與隨機對照試驗或整體天氣預報很雷同。它們創造了一個平台，可以每次使用不同的策略，對決策進行多次演練。即使你玩的是零和的競爭遊戲，可是遊戲的協同本質意味著，由於對手在棋盤上的意外舉動，你可以看到新的可能性和安排方式。戰棋遊戲始於地圖，而《戰爭遊戲》與象棋這類抽象軍事遊戲不同之處在於，它使用了真實的戰場地形圖。因此，該遊戲的真正啟示在於，在過程中迫使你去**探索**那張地圖，以模擬敵軍在該空間可能採取的所有不同作戰方式。用謝林的話來說，你無法擬定一份清單，列出你永遠不會想到的事情。但是，你可以**透過賽局遊戲**，擬定一份清單。如果說《戰爭遊戲》提早一個世紀發明和廣為人知，不難想像華盛頓可以成功預見英軍會從牙買加山道進攻。模擬戰爭遊戲很可能彌補華盛頓在格林將軍生病時，所損失的在地情報。

長久以來，賽局遊戲主要作為複雜軍事決策的指南，但其實它具有更龐大的潛力。比方說，時任司法部長羅伯特・甘迺迪（Robert Kennedy）在參加了由蘭德公司贊助的模擬東亞衝突的戰爭遊戲之後，詢問是否可以開發類似的遊戲，幫助甘迺迪政府了解推動美國南部民權運動的選項。（不幸的是，這個計畫在他哥哥甘迺迪總統遇刺後就停擺了。）不久後，系統理論學家巴克敏司特・富勒（Buckminster Fuller）提議開發五角大樓翻版的戰爭遊戲：這是一款比《文明帝國》（*Civilization*）或《模擬城市》（*SimCity*）之類的電玩遊戲更早出現的「世界和平遊戲」。這款遊戲是設計成在一張特殊的地圖上進行，可以追蹤從洋流到貿易路線等所有資料。這些規則顯然是非零和的性質，旨在鼓勵合作，而非衝突。「遊戲的目的，是探索如何使人類家庭中的每個人都可以安居在地球上，不干涉其他人，也不會以犧牲另一個人的利益為代價。」富勒寫道。[19]「為了贏得世界大賽，每個人都必須成功，也必須贏。」富勒認為，這款遊戲在民主過程中，取代了間接決策的機制。普通百姓無須選出領導人來做出決定，而是可以透過遊戲，模擬他們所面臨的挑戰。然後，把「勝出的」戰略，換句話說，能給所有人帶來積極成果的戰略，轉化為現實生活中的方案。

運用賽局遊戲來引發新想法、探索特別困難決定的可能性，似乎確實有價值。然而，很難想像把該方法應用到個人決策中，例如設計一款遊戲，來演練可能搬到郊區的決定。但是，幾乎每個決定都可以透過另一種方式，來有效幫助我們排演困難的決定，那就是講故事，而這甚至是更古老的逃避主義（escapism）。

應對不確定性的情境規劃

一九七〇年代中期，環保主義者和兼職企業家保羅．霍肯（Paul Hawken）在加州帕羅奧圖（Palo Alto）的一家非營利組織工作，該非營利組織向發展中國家傳授「密集園藝」技術，以解決當地居民營養不足和缺乏維生素A的問題。霍肯在英國住過一段時間，他發現英國園丁使用的工具品質往往比美國人的更好。霍肯後來回憶說：「有錢的美國人在買便宜的工具，而英國的窮人則在買我們所謂貴的工具，但以工具的使用年限來看，其實昂貴的工具會更划算。」霍肯認為這些工具可能對非營利組織的計畫很有幫助，因此他跟英國的鬥牛犬工具公司（Bulldog Tools）訂購了一整個貨櫃的工具，但是當貨運到時，該非營利組織的負責人卻改變了主意。因此，霍肯有滿滿貨櫃的高級園藝工具，卻沒有明顯可以脫手的方法。最終，他與一個叫戴夫．史密斯（Dave Smith）的朋友合夥，成立了基礎工具公司

（Fundamental Tools），把這些英國進口的產品賣給舊金山灣區的園丁。不久之後，他們把公司名稱改為史密斯和霍肯公司（Smith & Hawken），因為「聽起來很有英國風，年代悠久又值得信賴。」

隨著公司的成長，他們開始考慮擴展到更大的市場。但他們面臨的挑戰是，這些工具要比美國消費者習慣支付的價格高得多，達三倍之譜。當人們只花十美元就能買到一把可以用一輩子的園藝鏟子時，願意掏出三十美元來買鏟子的人多嗎？在此期間，他們接觸了一些投資者，其中之一是住在海灣地區的彼得．施瓦茲（Peter Schwartz），他後來寫了許多有影響力的書，並與其他人共同創立了全球商業網路（Global Business Network）和今日永存基金會（Long Now Foundation）等組織。施瓦茲是經驗豐富的情境規劃（scenario planning）實踐者，這種決策工具是在一九六〇年代末，由皮耶．瓦克（Pierre Wack）和泰德．紐蘭（Ted Newland）在荷蘭皇家殼牌公司（Royal Dutch Shell）開發出來的。（瓦克在八〇年代中期退休，之後由施瓦茲接任他在殼牌公司的工作。）情境規劃這門敘事技術最重要的是，它專注於複雜決定中勢必會有的不確定性，並迫使參與者對不確定的未來，想像可能出現的不同情境。瓦克曾在殼牌公司使用情境規劃，預測出一九七〇年代中期的石油危機，而一戰成名。施瓦茲後來也使用相同的技術，來評估史密斯和霍肯公司園藝工具業務的前景。建立這些情境需要繪製全方位的地圖，因此他分析了城市與郊區的遷移模式，畢竟這可能影響園藝市場的規模；他研究了美國消費者行為中的新興趨勢，發現他們似乎對ＢＭＷ或鉑傲（Bang & Olufsen）等更昂貴的歐洲品牌有新的需求；他考慮了總體經濟的可能性；他調查了當時的邊緣運動（fringe movement），例如有機農業和環保運動。之後，他把所有的研究組合成三個不同的故事，想像了三個不同的未來，分別是：高成長模式、蕭條模式，以及他所謂的轉型模式，即「價值觀的轉變意味著西方文化的深刻轉型。人們開始倡導新的觀點，像是更單純、更環保的生活方式、注重全人醫療和天然食品、追求內在成長，而不是物質財富，以及努力實現驚人的全球公民意識。」事實證明，三部分結構是情境規劃中常見的處理方式：第一種模式是情況會變好、第二種是情況會變糟，而第三種是情況出乎意料。

施瓦茲最終認為，無論出現哪種情境，該公司的未來都是有希望的，所以他對該公司投入了一小筆的投資，後來公司很快把數百萬美元精美的鏟子賣給了美國園丁。霍肯和施瓦茲開始考慮把情境規劃作為制定更廣泛社會決策的工具，好比環境管理、稅收、財富分配政策和貿易協定等。他們兩人與第三位作者傑伊・奧格威（Jay Ogilvy）在一九八〇年代初共同出版了一本名為《七種未來樣貌》（*Seven Tomorrows*）的書，替未來二十年勾勒出七種不同的情境。在書中的前言，他們解釋了自己的方法：「在眾多探究未來的方法中，從精心設計的電腦模型，到簡單的歷史推斷，我們選擇了情境規劃法，因為它讓我們能結合現實主義和想像力、兼容全面性和不確定性，最重要的是，因為情境規劃法允許真正多樣的選擇。」[20]情境規劃法與大多數未來主義方法的不同在於，它不會只固守單一預測。透過強迫自己想像替代方案，情境規劃者能避免陷入泰特洛克的刺蝟陷阱，安於自以為了不起的觀點。情境規劃像謝林的戰爭遊戲一樣，是一種工具，可以幫助你想到自己原本從未想過的東西。

在企業文化中，情境規劃的口碑建立在著名的神準預言之上，例如皮耶・瓦克在石油輸出國組織突然提高油價的三年前，就「預測」會有石油危機。但是，只是強調預言成真，會忽略了重點。事實上，大多數的情境最終都無法預測未來結果，然而當你去設想替代傳統觀點的方案，這個舉動本身就能幫你更清晰地理解自身的選擇。情境規劃的真正目的，並不是為了**準確地**預測未來事件。相反的，它讓你做好準備，抵制「推論謬誤」。瓦克用現代商業環境特有的混亂，來描述了這種特性，而該原理也適用於個人生活的混亂：

解決此問題的方法，不是透過精進預測技術，或雇用更多或更優秀的預測員，來做出更好的預測。畢竟，有太多的因素會阻礙人們獲得正確的預測。未來不再是穩定不變的，而是不斷地變動。我們無法從過去的行為中，推斷出任何「正確」的預測。我認為，更好的方法是接受不確定性、嘗試理解不確定性，並把它納入我們的推理。今天的不確定性不僅是偶然、暫時偏離合理的可預測性，它是商業環境的基本結構特徵。21

每個決定都依賴準確程度不等的預測。如果你正考慮搬到郊區的房子，這間房子緊鄰很多步道的公園，則你有一定的把握預測，如果你選擇購買這間房子，自然的環境將成為房子吸引人的地方之一。如果你打算申請三十年固定利率的房貸，你可以更有把握地推算出月繳的房貸金額。如果你了解附近學校的整體聲譽，則可以合理地相信，在未來幾年內學校的整體學術水準將維持不變，不過，究竟你小孩能不能適應新學校就比較難知道了。根據情境來探索搬到郊區的可能性，會考量最不確定的因素，並按每個因素想像不同的結果。實際上，這就是有理有據地講故事，而且當然，在考慮重大決策時，講故事是我們本能會做的事。如果我們傾向郊區生活，我們講的故事是家人在屋後步道健行、小孩上更好的公立學校，以及可以用高價進口園藝工具來打點自家的花園。不過，相較於正規的情境規劃法，用講故事的方式來做情境規劃，有兩點不同之處：首先，我們很少花時間對所有影響故事的因素做全方位的分析；其次，我們很少費心去建構**好幾個**故事。比方說，如果小孩不喜歡他們的同學，或者有的家人喜歡新的生活，而其他家庭成員則想念以前住在城裡的熱鬧生活和老朋友，故事又會如何發展呢？

正如瓦克所言，現實中不存在的情景是無法分析出不確定性的。在某種基本層面上，不確定性是複雜系統中不能簡化的特質。針對這種不確定性，情境規劃以及全方位的模擬為我們提供一種演練的方法。儘管這並不一定能為你開闢出一條明確的道路，但是確實能讓你準備好面對許多不同的情況，因為未來可能會出乎意料地偏離當前的路徑。瓦克寫道：「持續的情境練習可以讓領導人對不明確的未來感到有勝算。它可以抵制傲慢、顯露原本難以想到的假設、有助於達成共識和系統化的理解，並在危機時期快速適應。」[22]

在捉拿賓拉登的行動中，決策過程大部分都集中於模擬突襲時分秒必爭的執行任務，像是直升機需要中途加油嗎？海豹突擊隊第六分隊能否成功部署至大院屋頂？在突襲之後的幾個月和幾年中，大部分報導都聚焦在巴基斯坦的危險時刻，以及把賓拉登繩之以法的相關人員的勇氣和敏捷思維。但是在幕後，歐巴馬政府不僅模擬了突襲行動，他們還探討了長期情境，即檯面上每個選項的下游效應。在這方面，歐巴馬及其團隊從布希政府的失誤中吸取了教訓，眾所周知的，布希政府沒有為長期武裝占領伊拉克做出情境規劃，而是選擇聽取副總統迪克・錢尼（Dick Cheney）的假設，即伊拉克人民會把美軍「當作解放者那樣歡迎」。

對於歐巴馬及他的顧問來說，其中一個關鍵場景涉及到一個重要問題，那就是假設現場發現賓拉登，該怎麼辦？特種部隊是否應該設法活捉他？如果是這樣，接下來的計畫是什麼？總統認為，若讓賓拉登在美國的公共法庭上接受審判，則有機會化解前任總統做出的許多未必正確的決定，包括關塔那摩（Guantánamo）和其他引渡地點的拘留計畫。歐巴馬後來解釋說：「我的想法是，如果我們抓了他，在政治上，我會處於相當有利的地位。而主張正當程序和法治會是我們對抗蓋達組織的最佳武器，阻止他成為烈士。」[23]當然，這種情境會排除無人駕駛飛機襲擊和B-2轟炸機轟炸的可能性，因為兩者的目標都只有一個：殺死賓拉登。這兩個行動帶來的長期後果令人擔憂，性質也不同。如果用炸彈襲擊大院，讓大院從地圖上消失，則沒有直接的證據顯示賓拉登已被殺死。即使美國截獲蓋達組織內部的對話，顯示其領導人已死，但有關他繼續存活的謠言和陰謀論，仍可能在之後幾年流傳。要做出正確的選擇，光是以分鐘和小時為單位來模擬襲擊或轟炸是不夠的，因為這些行動的後果不可避免地會迴盪多年，他們不得不設想更長遠的敘事。換言之，襲擊該大院的選項，受到未來可能發生的事所影響。

事前驗屍和紅隊分析：避開決策陷阱

歸根究柢來說，情境規劃就是一門敘事技藝。你把模糊不清、無法預測的未來事件變成某種連貫的畫面，好比隨著文化受到物質主義的影響，高檔園藝工具的市場將擴大；巴基斯坦人發現我們背叛他們後，把我們趕出他們的領空。當然，問題在於，敘事者就像我們其他人一樣，也會受到確認偏差和過度自信的影響。我們的大腦所預測的結果，自然會符合我們認為的世界運作方式。為了避免這些陷阱，你需要欺騙你的大腦，讓它接觸其他有趣的敘事，儘管那些情節說詞可能破壞、而不是鞏固你的假設。

著名的地下室火災案例研究的發起人蓋瑞・克萊恩，在提供決策者建議的過程中，開發出一套令人信服、與情境規劃模式相似的方法，該方法不需要那麼多的研究和討論。他稱其為「事前驗屍」。顧名思義，這種方法與醫療程序中的「事後驗屍」有所不同。在事後驗屍中，驗屍對象已經死了，驗屍官的工作是找出死因。而在事前驗屍中，順序是相反的：驗屍官被告知去想像驗屍對象**即將要死**，並要求設想造成對象死亡的原因。克萊恩解釋說：「我們的練習是讓計畫人員想像，現在是未來幾個月之後了，而他們的計畫已經執行，卻失敗了。他們只知道事情是這樣，然後必須解釋，為什麼他們認為會失敗。」[24]

克萊恩的方法借鑑一些有趣的心理學研究。這些研究發現，在告知人們潛在的未來事件，並要求他們認為事件確實發生後，他們會想到更豐富、更微妙的解釋。換句話說，如果你只是一味地問人們會發生什麼事以及為什麼，他們的解釋模式比較平淡，沒有像你告訴他們肯定會發生某件事，並讓他們解釋為什麼，那樣細膩、想像力豐富。根據克萊恩的經驗，事實證明，在整理決策中的潛在缺陷時，「事前驗屍」是更為有效的方法。一旦做出決策，從推論謬誤、過度自信，再到確認偏差等各種認知習慣，都會蒙蔽我們，讓我們無視決策的潛在陷阱。光是問自己：「在這個計畫中，我有沒有遺漏的缺陷？」這還不夠。透過強迫自己想像決策最後是災難的情境，你可以想辦法避開那些盲點和盲目自大。

與籌劃階段一樣，要想透過情境規劃取得最佳預測結果，就得運用多元的專業知識和價值觀。但是，在把局外人觀點納入審議會議時，勢必存在一些限制。毫無疑問的，如果能讓一名巴基斯坦官員實際參與決策過程，一定有助於襲擊賓拉登的內部討論。想像一下這名官員的說詞，可能與中情局分析師的說詞截然不同。或者，當你打算推出新產品時，理論上讓直接競爭對手的產品經理來幫你規劃未來五年的市場變化，可能會有所幫助，但實際上，你不可能讓這個人與你一起開會討論。

不過，這些外部觀點也是可以被模擬的。比方說，軍隊使用俗稱的「紅隊」的歷史由來已久：這是所謂惡魔代言人的系統化版本，指派組織內部的一個小組去模仿敵人的行為。紅隊演練可以追溯到最初的戰爭遊戲，例如「艦隊問題XIII」，而自從二〇〇三年國防科學委員會特別工作組（Defense Science Board Task Force）在報告中建議，有鑑於九一一攻擊事件，應該更廣泛地運用這種做法，因此紅隊演練就在軍隊重獲新生。你可以把紅隊視為戰爭遊戲和情境規劃的混合體：你勾勒出一些決策路徑和預期的結果，然後請一些同事站在你的敵人或市場競爭對手的角度，要他們想像出回應的對策。

紅隊是追捕賓拉登過程中不可或缺的一部分。官員們故意調用紅隊，以避開盲點和確認偏差，避免出現諸如伊拉克大規模毀滅性武器調查決策中的錯誤。實際上，在大規模毀滅性武器的慘敗上，相關官方報告及其根本原因大部分是由美國國家反恐中心（National Counterterrorism Center）主任麥克・萊特（Mike Leiter）所撰寫的，因此他特別希望不要重蹈覆轍。到四月下旬，即使海豹突擊隊第六分隊在內華達沙漠演練前往亞波特巴德的突擊行動，萊特還是委託紅隊，探索其他說法，來解釋賓拉登實際上**沒有**住在神祕大院裡。萊特曾一度告訴約翰・布倫南：「你不會想讓大規模毀滅性武器委員會回來說：『你並沒有為這件事進行紅隊分析。』約翰，當年報告裡的那章就是我寫的啊。」[25]

由萊特召集的紅隊包括兩名新的分析師，他們之前完全沒有參與調查，為的是能夠提供新的眼光。他給他們四十八小時的時間，提出其他符合當地情況的解釋。他們提出了三種情境：賓拉登曾經在房子裡，但是已經不住在那裡；大院曾經是蓋達組織的安全庇護所，但被另一名蓋達組織領導人占領；或者它屬於其他罪犯，與恐怖主義無關，而科威特現在是在為其他罪犯工作。在演練結束時，紅隊被要求評估每種情境的機率，包括第四種情境，即賓拉登實際上在建築物中。紅隊的平均評分認為，賓拉登在大院的機率不到五〇%，但他們也得出結論，賓拉登在那裡的機率比其他三種情境都高。

當然，透過軍事演習，紅隊可以進行更多積極的模擬行動，而不是坐在會議室裡想像情況，光說不練。麥克雷文將軍建立了精密的紅隊，模擬大院居民的可能反應，也模擬巴基斯坦軍方，在偵測到美軍直升機侵入巴基斯坦領空後會有的反應。彼得·卑爾根認為，這次襲擊是「不斷地『用紅隊分析』」，以模擬海豹突擊隊在其他類似情況下所遇到的抵抗：「武裝的婦女、長袍裡面穿著自殺背心的人肉炸彈、叛亂分子躲在經過偽裝的散兵坑中，甚至是布滿炸藥的建築物內。」在練習結束時，一位同事觀察到：「對於每種可能發生的失敗，麥克雷文都有備用計畫，以及備用計畫失敗時的備用計畫。」[26]

的確，人們在思考具有挑戰性的決策時，自然會嘗試預測反對意見或可能的失敗點。在會議室和一般的對話中，經常聽到「我們來故意唱反調」的說法，但這與「事前驗屍」和「紅隊」這類策略不同，後兩者是正式的過程，賦予人們特定的任務和身分，來進行角色扮演。光是問人：「你能想到這個計畫可能失敗的情況嗎？」這是不夠的。事前驗屍和紅隊分析會迫使你採取新的觀點，或者考慮另一種說法，這不是隨意唱反調幾分鐘，就可以想到的。在某種程度上，這個過程類似前文探討過的，在決策的籌劃階段中，分配專家角色的策略。透過採用新的身分，並從模擬的世界觀來觀察世界，你可以看到新的事情。

高瞻遠矚的核心特質

嘗試不同的身分不僅僅是發現新機會或陷阱的方式。畢竟，困難的抉擇之所以困難，是因為它們明確影響著他人的生活，因此我們想像這種影響的能力（從他人的角度來思考情感和實質的後果）是絕對必要的才能。新的研究顯示，大腦預設網路在白日夢時，其中之一的活動就是這種心理投射。當我們大腦在神遊時，就是在模擬潛在的未來。我們經常切換心裡的景象、不自覺地從一種意識轉移到另一種意識，並測試不同的情境和它們可能引起的情感反應。你正在開車去上班，並想著新的工作機會，然後你的腦海閃出老闆聽到你要辭職的畫面。這是幻想、是模擬，因為這是尚未發生的事件。但是，進入那個幻想所需的運作過程，確實是非常厲害的。你在腦中詳細列出了你審慎考慮後、決定離職的所有原因，**而且**你也詳細列出了，你老闆可能會因為這個消息感到震驚或難過（或兩者兼有）的所有原因。然後，你正在心理預測，當這兩個思維圖碰撞之後，可能會引發你老闆什麼樣的反應。這是一種非常豐富和複雜的心理模擬形式，但是我們的運算速度太快，以至於沒有意識到。

不過，我們當中還是有些人做得比別人更好。這種在不同觀點之間轉移想像力的能力，可說是高瞻遠矚的核心特質之一。成為明智決策者的能力之一，就是心胸夠開放，足以領悟到其他人可能對決策有不同的看法。回想一下利德蓋特，當時他在考慮著米德鎮那些心胸狹窄的居民，會對他選擇支持哪位牧師，有什麼八卦的反應。利德蓋特本人不屑於流言蜚語，但他有足夠的遠見卓識，意識到如果他做出錯誤的選擇，會嚴重影響鎮民對他的評價，畢竟他在當地行醫，需要受到社區人士的敬重。利德蓋特的想法輕鬆地從以自我為中心的問題「我最喜歡哪名候選人？」一轉移到外在的參考框架：「如果我選擇贊助人支持的候選人來擔任牧師，鎮上愛說閒話的人會怎麼想？」在那一刻，他不僅粗略地模擬了自己選擇的結果，還做了更了不起的事：按照其他人的習性、執著的信念和價值觀，來模擬其他人的想法。

在捉拿賓拉登的長期情境規劃過程中，決策成員的觀點轉變，可以說是最引人注目的關鍵。對一棟私人大院發動襲擊，引發了大量的邏輯問題：我們如何確定是誰在裡面？我們應該捉拿，還是殺死賓拉登？但是這也點出了一個問題，要求團隊冒險跳出他們預設的美國觀點：如果我們沒有事先通知巴基斯坦，就在他們邊界內發動攻擊，巴基斯坦人會怎麼想？儘管美國仍在考慮與巴基斯坦部隊協同進攻，但是這通常被認為是最不得已的選擇，因為計畫有可能以某種方式洩漏出去，並通報賓拉登他的藏身之處被暴露了。但讓黑鷹直升機飛過巴基斯坦領空，發動奇襲則構成了另一種風險。首先，雖然麥克雷文和他的團隊認為，在巴基斯坦沒有發現到黑鷹直升機的情況下，他們可以進出巴國領空，但是巴基斯坦軍隊可能會發現黑鷹直升機，甚至可能會擊落直升機。真正的風險是下游風險。畢竟，在反恐戰爭中，巴基斯坦至少在名義上是美國的盟友。美國非常依賴巴基斯坦政府的好心同意，才能把物資運入內陸的阿富汗。美軍飛機每天超過三百架次穿過巴基斯坦領空，替駐阿富汗美軍和北約部隊運送物資和人員，這些都是經過巴基斯坦的批准。一旦巴基斯坦發現美國未經他們的允許，侵入了領空，並襲擊郊區的住宅，尤其如果該住宅**不是**某個恐怖分子頭目的住處，他們是否會繼續授予美國和其盟友同樣穿越領空的權限，就是個未知數。

二〇一一年三月二十一日，就在麥克雷文開始在布拉格堡進行模擬攻擊的前幾週、距離歐巴馬最後決定派遣海豹突擊隊第六分隊的幾個月前，時任國防部長羅伯特・蓋茲（Robert Gates）宣布了一項新的合作夥伴關係，以加強北方配送網路（Northern Distribution Network），該補給線從波羅的海港口穿過俄羅斯和其他國家，再進入阿富汗。關鍵是，這一條補給線完全繞過了巴基斯坦。當時沒有人察覺到這一點，但是在突襲賓拉登行動背後，需要把配送網路擴大，這是情境規劃中觀點轉變的直接結果。[27]美國政府也明白，即使抓到了他們要的人，這個行動對巴基斯坦與美國關係的下游影響，可能是災難性的，這將威脅到美國和投入在實戰中的盟軍所依賴的一條重要運輸路線。因此，他們花了一些時間確保，如果這種情況確實發生，還有另一條路線可以使用。

最終，在決定襲擊賓拉登的任務上，預測階段與先前繪製地圖的籌劃工作一樣是全方位的。為了建立一套連貫的情境，分析師必須像氣象學家一樣思考，評估沙漠的高溫和海拔高度對直升機的影響。他們必須研究大院裡最小的建築細節，才能確定海豹突擊隊如何成功潛入裡面。如果他們活捉到賓拉登，他們必須苦思法律的問題，好比是否要對賓拉登進行審判，以及在哪裡進行審判。他們必須想像，如果蓋達組織的領導人被B-2轟炸機炸死，可能會爆發出陰謀論和流言，而且沒有留下任何賓拉登已死的證據。他們必須站在巴基斯坦政府的立場，想像一下美軍侵犯巴國領空的行為，可能會引起什麼樣的反應。他們從賓拉登的親戚那裡採集了DNA，因此他們有了鑑定遺體的基因證據。他們甚至必須研究伊斯蘭的葬禮儀式，以便處置賓拉登的遺體時，不會激怒溫和的穆斯林人士。氣壓、國際法、宗教習俗、屋頂的傾斜度、基因鑑定、地緣政治反彈等所有變數，以及更多因素，都納入了二〇一一年春末的情境規劃。他們想像了結果不同的故事，並召集紅隊來挑戰他們的假設。到五月初，所有這些不同觀點和可能性的分歧都已達到邏輯的極限。決策已經籌劃好，選項也已經確定，情境已經規劃好了。該是時候做出決定了。

3

決定思維

我們沒有萬無一失的演算法，來做出明智的選擇，但是我們確實有很多明確的技巧，可以防止我們做出愚蠢的選擇。

籌劃、預測、模擬，這三個步驟合併起來並**不完全等於決定**。一旦繪製好情況的全貌、確定所有可能的選項，並盡可能準確地模擬這些選項的結果後，接下來，你該如何選擇？

自從富蘭克林向約瑟夫·普里斯特利介紹了他的「道德代數」以來，人們就構思出愈來愈複雜的系統，並參照某種計算方式來下決定。在其中最具影響力的策略之一，普里斯特利本人就扮演了決定性的角色。普里斯特利在寫信給富蘭克林的前幾年，發表了一篇政治論文，提出用一種不同的方法，來對群體決策做出最終的裁決，例如制定法律和法規。普里斯特利寫道：「必須理解，所有人都是為了共同利益而生活在社會中。因此，成員的利益和幸福，也就是國家中大多數成員的利益和幸福，是最終判定有關該國一切的重要標準。」[1] 幾十年後，這句話在政治哲學家邊沁的腦海中埋下一顆思想的種子，邊沁用它作為功利主義的基石，而功利主義也成為十九世紀最有影響力的政治思想之一。用邊沁著名的話來說，公共和私人的道德決策都應謀求「最大多數人的最大幸福」，並以此作為行動的基準。在世上行善的問題，至少在理論上來說，是可以透過情感統計來解決，而統計的對象是與某一個選擇有關的所有人。

「最大多數人的最大幸福」聽起來像是空泛的陳腔濫調，但是邊沁的目標是嘗試盡可能精確地計算這些數值。首先，他把我們的世界經驗分為兩大類：

大自然讓人類受到痛苦和幸福這兩種情況的支配。只有它們才能指示我們應該做什麼，也只有它們決定我們將要做什麼。是非標準，以及因果關係，都由它們定奪。我們所行、所言、所思，都由它們支配。而我們用盡一切來擺脫其支配，都只能證明和確認這一點。[2]

邊沁最終認識到，必須將痛苦和快樂的子類別納入這套計算公式，諸如：苦樂的強度、長度、確定性、觸發苦樂的頻率、這種經驗的「繁殖力」（換句話說，它會觸發更多痛苦或幸福經驗的可能性）、體驗的純度，以及受決定影響的人數。功利主義者在面對決定時，會為所有苦樂情感建立心理波形圖，而針對所討論的各種選擇，不同情感會激起不同的波動。在當中，合乎道德的選擇會最大幅度地提升人類的幸福總量。

從已經探究過的所有原因可知，當人們面對世上的實際決策時，這種公式的清晰度，就像古典經濟學的理性選擇一樣，必定會變得模糊不清。不難想像，邊沁以及另一名功利主義者約翰・史都華・彌爾（John Stuart Mill）為何能想到可以運用這種情感統計。[3]在啟蒙運動發生的一、兩個世紀，人們已經證明了衡量世界的新方法是多麼強大和具有啟發性。為什麼不能把相同的理性方法，應用於個人和社會所面對的選擇呢？當然，問題是赫伯特・賽門在一百多年後觀察到的有限理性：這個世界充斥了難以事先籌劃和預測的艱難選擇，尤其是當這種抉擇涉及上千或上百萬人的未來幸福時。

儘管功利主義者可能過於樂觀地認為，這些結果是可以清楚衡量的，但事實是，我們在現代生活中的許多方面都依賴這種道德計算的衍生方法。在美國，其中一項最有影響力的衍生方法於一九八一年二月十七日施行。當時雷根總統簽署了第一二二九一號行政命令，這也是他的行政團隊採取的首批舉動之一。第一二二九一號行政命令規定，所有政府機構提出的每條新規章或規定都要經過「法規影響評估」。根據法律，評估必須包括：

一、說明該法規的潛在利益，包括無法用金錢來量化的有利影響，並確定可能受惠的人；

二、說明該法規的潛在成本，包括無法用金錢來衡量的不利影響，並確定可能承擔這些成本的人；

三、確定該法規的潛在淨收益，包括評估那些無法用金錢來衡量的影響；

四、說明其他用較低成本、但大致達到相同監管目標的替代方法，以及分析潛在的收益和成本，並簡要地解釋此類替代方法，若被提出，卻不能被採納的法律理由。4

實際上，法規影響評估就是我們常說的成本效益分析。在決定是否實施新法規時，各機構必須計算該法規的潛在成本和收益，而這部分是透過預測實施新法規的下游後果。該行政命令有效地迫使政府機構，遵循我們探討過的決策關鍵步驟，即籌劃所有潛在變數，並預測長期影響。而相關法規與影響的分析審查工作由資訊與監管事務辦公室（Office of Information and Regulatory Affairs）掌理。此外，該命令甚至迫使政府機構探索其他決策路徑，因為這是在原本草擬法規時，可能忽視的選項。如果在分析結束時，該法規可以證明「把淨效益最大化」，換句話說，不光是利大於弊，而且比檯面上其他可以比較的選項還更好，那麼該機構就可以沒有牽掛地去實施法規。在歐巴馬政府期間擔任資訊與監管事務辦公室主任多年的凱斯・桑思坦寫道：「雷根的想法適用的範圍非常廣泛，涵蓋了保護環境、提高食品安全、降低高速公路和航空運輸的風險、促進醫療保健、改善移民制度、影響能源供應，或加強國土安全的法規。」[5]

最初提出法規影響評估時，被視為是保守的干預措施，旨在遏制政府失控的支出。但是，這個基本框架歷經六任政府都被保留下來，主要部分並沒有變動。在首都華盛頓的政治生態中，它是最稀有的制度之一。因為該制度性做法不僅讓政府變得更好，更得到了兩黨支持。結果證明，成本效益分析有真正的潛力，是逐步提升價值的利器，而不光只是抵制大政府的開支。在歐巴馬政府的領導下，有一個跨部門組織構想出一個衡量「碳的社會成本」的貨幣數字（許多環保主義者認為，在關於能源政策的決策中，這種成本長期被忽略了）。這個跨部門組織的專家來自環境品質諮詢委員會（Council on Environmental Quality）、國家經濟委員會（National Economic Council）、能源與氣候變遷辦公室（Office of Energy and Climate Change）、白宮科技政策辦公室（Office of Science and Technology Policy）、環境保護局、農業部、商務部、能源部、運輸部和財政部。他們提出了碳排放至大氣中所產生的所有下游影響，從氣候變遷引發的農業破壞，到日益嚴重的天氣事件帶來的經濟成本，再到海平面上升引發的岩層錯動。最後，他們計算出向大氣釋放碳的社會成本為每噸三十六美元。這只是一個估計值，史丹佛大學最近的一項研究顯示，實際的數字可能比這個估計值高出好幾倍，但它替與碳排放技術相關的政府法規，提供了基線成本。例如，在歐巴馬政府執政期間，環境保護局對汽車和卡車嚴格實施的油耗標準，就是以該估計值為重要的依據。[6]從某種意義上來說，透過將碳排放轉化為金錢上的成本，監管機構能為化石燃料的決策增加預測階段，培養更長遠的眼光。他們的決定不再局限於，使用這些燃料作為能源的當前利益。在了解碳排放的成本為每噸三十六美元後，他們有方法去衡量該決定的未來影響。這種方法的核心是一種計算：如果選擇此選項，那麼將排放多少碳到大氣中，以及在未來幾年中，我們要花多少錢來處理這些碳排放的後果。相較於沒有這種計算方式，新方法使得環境保護局的選擇更有遠見。

權衡優劣的價值模型

法規影響評估最終是以財務報表來呈現，即用美元來呈報淨成本和淨收益。但是，原始的行政命令也透露出，並非所有影響都可以用純粹的金錢形式來量化，所以之後的修正使正式評估對於非經濟結果更加敏感。在政府內部，這導致了一些棘手的利益轉化問題，最著名的是機構應如何巧妙地衡量人的生命成本。（恰巧，資訊與監管事務辦公室在法規評估中，認為一條人命約為九百萬美元。）如果這看似不人道，請記住，政府被迫每天做出權衡，而有些情況顯然會導致人命損失。比方說，如果我們把速限統一設定在每小時四十公里，每年肯定可以挽救數千人的生命，但是從社會的角度來說，我們已經決定，提高速限所帶來的交通和商業利益「值得」付出交通事故死亡的代價。

邊沁計算公式的衍生方法並不完全依賴金錢評估，其中一種高度數學化的方法被稱為「線性價值模型」（linear value modeling），[7]被廣用於精明地規劃決策，例如紐約市民在破壞大水塘時未能做出的決策。公式如下：一旦你繪製出決策地圖，探索了備案，並建立了預測的結果模型，就可以把對你而言最重要的價值，列舉出來。回想一下達爾文在結婚問題上的個人抉擇。他的重要價值包括自由、陪伴、與俱樂部裡聰明的人聊天，以及生兒育女等等。正如富蘭克林在利弊清單上的原始描述，價值模型要你為每個價值賦予權重，以衡量它們對你的相對重要性。（例如，比起與俱樂部裡聰明的人聊天，達爾文似乎更看重擁有終生伴侶和孩子。）在這個高度數學化的方法中，你為每個價值指標賦予零到一之間的權重。如果與聰明的人聊天對你來說是次要的，就設權重為〇．二五，而生兒育女的權重則可能是〇．九。

在對各項價值指標進行適當的加權後，你可以轉到每個選項所展開的情境，並

價值指標	權重	情境A：不結婚	情境B：結婚
不會吵架	0.25	80	30
生兒育女	0.75	0	70
自由	0.25	80	10
花費少	0.50	100	10
與俱樂部裡聰明的人聊天	0.10	80	40
終身伴侶	0.75	10	100

【表3-1】 達爾文的價值模型

根據每個選項是如何解決你的核心價值，進行有效地評分。評分的範圍從一到一〇〇分不等。舉例來說，繼續當單身漢在「生兒育女」這項價值指標上得分很低，但在與聰明的人聊天方面得分卻比較高。一旦為每種情境確定了評分，就可以做一些基本的數學運算：把每個分數乘以每個價值指標的權重，然後將每種情境的數字相加。最後，得分最高的情境勝出。如果達爾文為自己的決定建立了價值模型，則分類統計可能如表3-1所示。

接著，在經過權重調整後，每種情境的評分則如表3-2所示。

計算的結果與達爾文的最終決定相同：結婚得到一四六．五分，不結婚得到一〇

價值指標	權重	情境A：不結婚	情境B：結婚
不會吵架	0.25	20	7.5
生兒育女	0.75	0	52.5
自由	0.25	20	2.5
花費少	0.50	50	5
與俱樂部裡聰明的人聊天	0.10	8	4
終身伴侶	0.75	7.5	75

【表3-2】 加權後的價值模型

五·五分，所以結婚取得了決定性的勝利，儘管不結婚的選項在超過一半的價值指標上，得分都超過結婚。

富蘭克林稱他的方法是「道德代數」，但價值模型更接近道德**演算**：用一連串的指令來處理數據、產出結果，在這種情況下，則是對納入考量的各種選項採用數字評分法。我想許多人會認為這種計算過於簡化了，把複雜、使人感傷的決定，壓縮成一道數學公式。但無庸置疑的是，整個過程仍取決於之前的許多步驟，如繪製決策地圖、想像情境、事前驗屍和舉行專家會議。畢竟，只有在對現有選擇進行全方位調查後，權重和評分才會有效。不過，你可以在不實際計算的情況下，應用相同的框架，那就是列出你的核心價值，考慮它們對你的相對重要性，然後勾勒出每種情境對這些價值指標產生的影響，並根據更多的敘事練習，來做出決定。

一般來說，在涉及兩個以上的選項時，線性價值模型通常能有效排除權重較低的情境。而在統計數字結果時，往往能無情地顯露出那些幾乎在所有方面均表現不佳的選項。（用行話來說，那些是「隸屬的」選擇。）儘管最後，你可能無法僅根據數字，就在兩個分數最高的競爭選項中，做出最終選擇，但是數字或許能幫助你把清單縮減到兩個值得考慮的方案。在花了大量時間擴展替代選項後，價值計算可幫助你精簡選項。

在某種意義上，價值模型是邊沁和彌爾「最大多數人的最大幸福」的衍生方法，儘管乍看之下，這似乎更像是一種以自我為中心的道德演算。但是，價值模型未必僅圍繞個人的利益和目標。因為首先，決策不必基於一個人的價值觀之上。實際上，當決策涉及利益相關者的價值衝突時，價值模型特別有用，因為你可以衡量各方觀點，用不同的權重進行計算。相反的，達爾文的利弊清單分類法就無法擴展來滿足群體的對立需求，但線性價值模型策略卻可以。而且，你優先考慮的價值指標也不必以自我為中心。如果你高度重視「透過建造公園，來改善曼哈頓這座擴展中城市的福祉」，想當然你會在計算中賦予這個選項「更高的權重」，至少比你給予直系親屬小圈子的權重更高。

這些計算不僅可以幫助我們做出更具遠見的決策，也揭示了一種耐人尋味的可能性：如果我們在審議過程中使用數學算法，那當我們嘗試在靠演算法運作的機器上，來進行運算時，會發生什麼事？

Google 壞事件表格的決策啟示

二〇一二年五月，Google 向美國專利局申請了第八七八一六六九號專利。[8] 對於一家以篩選網頁搜尋結果聞名的公司而言，這項專利有一個不太匹配的名稱：「基於風險考量的自動駕駛汽車主動感應技術」（Consideration of risks in active sensing for an autonomous vehicle）。原來，這份專利申請是 Google 首次公開承認他們在研發自動駕駛汽車的文件之一。

該專利申請勾勒出感測器之間一長串的技術互動方式，並用示意圖，補充說明這些感測器在汽車上的位置。但最重要的，它說明了自動駕駛汽車如何做出困難的決定。這份文件包含一個有趣的表格，具體描述了在路上遇到危險情況時，控制汽車的軟體會如何考慮風險。比方說，在一條有車輛來往的雙向街道上，一名行人闖入了你的車道，這時自動駕駛汽車應該決定怎麼做？

乍看之下，這種選擇似乎與本書的主題不太相關，因為它們正是人類慎重決策的對比。在時速六十五公里的情況下，哪怕有半秒鐘來思考，你也根本無從選擇，因為在你選定行駛路線之前，你已經與行人相撞了。但是電腦以不同的速度運作：在某些情況下運算速度快，在其他情況下則運算速度慢（或是徹底無能）。比方說，在涉及空間幾何和物理等具有適量、明確意義變數的系統，電腦的運算速度就很快，例如有個人在過十字路口，或是一輛運動型休旅車向你疾駛而來，因為這類問題能在極短的時間內解決。不過正如我們將看到的，「解決」並不是一個很正確的詞，但是數位決策演算法可以把我們所探索過的一些高瞻遠矚的技巧，縮短至幾奈秒內辦到。這就是 Google 專利中的表格與線性價值模型的表格，兩者有明確相似之處的原因。Google 的自動駕駛汽車可以把審思的時間縮短至人類本能反應的速度。

下文的表 3-3 列出「壞事件」，其中有些事件是災難性的，好比被卡車撞到、撞到行人；有些是小事，比如由於有東西擋住汽車上的感測器而少了資料。每個壞事件都會用「風險等級」和「機率」這兩個關鍵屬性來評分。如果汽車壓過道路中線一點點而已，那麼它與迎面而來的汽車相撞的可能性就很小，但是兩車相撞的風險等級很高。如果汽車緊急轉向停車道，儘管這個角度可能會擋住其中一個攝影鏡頭，但是發生嚴重碰撞的可能性或許會降低到零。根據這些評估，軟體將風險等級乘以機率，來計算每個行動的「風險懲罰」（risk penalty）。所以就算被迎面而來的車輛撞到的可能性極小（〇．〇一％），但被撞的風險非常高，因此軟體會避開可能導致這種結果的選擇，寧可選擇其他發生機率是一千倍的「壞事件」。

由於汽車在路上會遇到不斷變化的情況，因此它會根據可能採取的行動，迅速組合出多種如表 3-3 的行為指南，如緊急向左轉、緊急向右轉、緊急踩剎車等等。針

壞事件	風險等級	機率（%）	風險懲罰
被大卡車撞到	5,000	0.01%	0.5
被迎面而來的車輛撞到	20,000	0.01%	2
被左後方來車撞到	10,000	0.03%	3
撞到闖入路中的行人	100,000	0.001%	1
少了攝影鏡頭提供的目前位置資訊	10	10%	1
少了其他感測器提供的目前位置資訊	2	25%	0.5
由於要在紅燈右轉，❶干擾了路線規劃	50	100%（如果已計畫要轉彎）	50/0

【表3-3】 壞事件表格

對各類潛在風險，每個行動都含有一組不同的機率。比方說，緊急轉向，避開迎面而來的車子，可以把正面碰撞的風險降低到幾乎為零，但是仍然很有可能撞上行人。風險等級分數實際上是汽車的道德指南針，它是邊沁功利主義分析的衍生方法。因為比起撞上行人，立即右轉、干擾路徑規劃，情況會更好，因為後者會為更多人帶來更大的幸福，尤其是對那位行人。在「壞事件表格」中，道德守則用數字表示。在此範例中，軟體假設撞上行人，比撞上迎面而來的車子要嚴重五倍，因為系統假設該車速可能會把行人撞死，但是兩輛車的乘客都能在相撞後倖存下來。若車速更高時，風險等級則有所不同。

壞事件表格是價值模型的翻版。我們的價值模型重建了達爾文的利弊清單，替他希望在人生中實現的所有正面結果設立權重，包含與聰明的人聊天、建立家庭、擁有人生伴侶等等。Google 的壞事件表格則為所有負面結果設立權重，並依據風險機率評估，來修改這些權重。儘管壞事件表格的設計目的，是為了在瞬間做出決定，但是它的機制為人類提供了重要的借鑑意義，讓我們能對在數月或數年內發生的事件，做出慎重的決策。因為首先，壞事件表格特別包含了風險機率評估，而在是否襲擊賓拉登的內部辯論中，這種評估非常重要。它迫使我們不但要考慮自己的目標和價值觀，還要顧及那些我們可能很快就忽略的事情，也就是極不可能發生的災難。畢竟，有些結果太過於慘痛，因此即使發生機率很小，也要謹慎，並且不惜

❶ 在美國大部分地區，紅燈可以右轉，但要禮讓直行車。依照交通法規規定，還須遵循紅燈右轉的步驟。

一切代價去避免這樣的事發生。而花時間替正在思考的複雜決策，建立壞事件表格，能讓你不會一心注意在好的事情上。

減輕不確定性的兩大策略

正如赫伯特．賽門的著名證明，無論決策者多麼高瞻遠矚，不確定性是任何複雜決策中不可避免的因素。畢竟，如果我們能完美地預知選擇的下游後果，就不需要事前驗屍策略和情境規劃來幫助我們想像未來。然而，儘管不確定性必然存在，但在決策過程中，有一些方法可以減輕這種不確定性。首先，避免只注意到最可能發生的結果。在考慮到所有變數後，如果人們很幸運的，找到了可能產生最佳結果的選項，那他們自然會傾向於固守在那條路徑上，而不去考慮不確定性範圍內發生機率較小的結果。然而，有一個決策路徑有七〇％的機會獲得很棒的結果，但有三〇％的機會造成災難的後果，這與另一個決策有三〇％的機會結果並不理想、但可以忍受，情況完全不同。因此，在決策這門技藝中，關鍵之一就是通盤考慮可能性較小的結果，以保障自己免於失敗。麥克雷文和他的團隊有充分的理由相信，巴基斯坦人最終會理解，為什麼在突襲賓拉登期間，美國人認為有必要在沒有預警的情況下，入侵巴基斯坦的領空。但是美國人也明白，盟友可能會把突襲視為美國在背叛他們，並尋求報復行動。因此，他們為駐阿富汗的軍隊建立了替代的補給路線，來應對這種潛在後果。但是，如果第二大可能的結果是災難性又無法避免的，那麼就是該回頭另闢新徑的時候了。

減輕不確定性的另一種方法，是支持那些你選定後還能修改的路徑。畢竟，決策路徑各不相同，而衡量標準之一就是在你選定路徑**後**，還能進行多大程度的修改。就算一條路徑有七〇%的機率會有很好的結果，可是一旦你做了最終選擇，卻不允許進一步的改善，到頭來可能還不如一條允許你在事後進行修改的決策路徑。從某種意義上來講，這解釋了當今科技界非常流行的「最小可行性產品」概念：不要試圖裝運完美的產品，而是裝運可能對客戶有用的最簡單產品，然後等到產品上市後，再精進和改良。以這種方式考慮決策時，意味著把下游靈活性（downstream flexibility）這個新變數添加到線性價值模型中。例如，比起搬到新城市並買房，搬到新城市並租房的下游靈活性更高。達爾文在利弊清單中不敢提出的第三個選項，是沒有結婚就與艾瑪同居，看看兩人的相處情形再結婚，但如今這種做法已經愈來愈普遍。而之所以如此是因為，如果事情沒有按計畫進行，這樣做能給你更大的彈性。考慮到未來的不確定性和複雜性，如果檯面上的路徑具有下游靈活性，那它很可能是最具戰略意義的路徑。我們大多敬佩那些做事果斷的領導人，他們會做出困難選擇，並堅持到底。但是有時候，最具遠見的，是那些有修改餘地的決定。

避免決策失誤的重要指引

從邊沁到 Google 的無人駕駛汽車，儘管計算決策的歷史很豐富，但我認為平心而論，我們大多數人最終都是在沒有任何實際計算的情況下，做出複雜的決策。這可能不是一件壞事，因為最重要的工作在於決策的方式，即我們用於克服有限理性挑戰的策略，像是探索多種觀點、運用情境規劃，以及確定新的選擇。如果我們在籌劃和預測階段都做得很徹底，那麼可行的選擇往往顯而易見，這也是大腦預設網路非常重要的地方之一。你的大腦有驚人的天賦，可以思考複雜的決定，並想像該決定如何影響他人，也能夠設想自己會對不同的結果，做出怎樣的反應。我們都具備超凡的技能，把這些直覺的情境規劃當作自動的後台處理程序。問題在於，當我們產生這些情境時，我們的眼光常受到限制，導致我們錯過了關鍵變數，或者陷入一個假設，以為事件可能如何發生，或者我們看不到可以調解對立目標的第三種選擇。因此，在面對複雜的選擇時，籌劃和預測階段實際上能給大腦預設網路更多資料來處理。

你可以籌劃所有變數，用「紅隊」分析你的假設，並為不同的選擇，建立情境規劃，但是最終的決定通常更貼近技藝，而非科學。所有籌劃和預測練習，以及在對話中引入多元觀點，都能為你帶來先前未預料到的可行選擇，或者可以幫助你了解，為什麼最初的直覺是錯誤的，就像歐巴馬團隊慢慢發現，大院確實可能住著他們的宿敵。如果幸運的話，把時間和精力投入決策過程，會讓你發現一個明確的選項。

但是有時候答案比較模糊，你必須在剩餘的選項間做出困難的抉擇，而每個選擇都會給受到影響的人，帶來不同程度的痛苦和快樂。在那些情況下，計算分數有時可以讓情況變得清楚，如同前述的線性價值模型。如果你面臨的是群體選擇，涉及不同利益相關者，大家又有不一樣的目標和價值觀，那麼從計算分數的角度來考慮決策，一定會有幫助。但如果決策人數較少，最好的方法通常是老辦法：給你的大腦空檔好好思考。從某種意義上來說，決策的前期準備工作應包括最新的策略，好比事前驗屍、情境規劃、專家角色、利益相關者的專家會議。但是，一旦這些練習擴大了你的視野，並幫助你擺脫了最初的直覺反應，下一步就是讓一切沉澱下來，讓大腦預設網路發揮作用。去散散步、沖澡時沖久一點，讓你的思緒任意飄盪。

面對困難的選擇，我們必須訓練大腦，以凌駕系統一思維的瞬間判斷，同時也要對新的可能性抱持開放的心態。而要做到這點，首先得認知到：我們對情況的直覺反應很可能是錯的。幾乎本書提到的所有策略，最終都追求相同的目標：幫助你從新的角度來看待目前的情況，突破有限理性的局限，列出你永遠不會想到的事情。嚴格來講，這些並不是解決問題的方案，而是提示、破解技巧和助力，目的是使你擺脫既定的假設，而非給你固定的答案。但是，這些與達爾文和維多利亞時代的人所嘗試的庸醫療法不同，本書提供的許多介入措施都得到對照實驗的支持和改善。我們沒有萬無一失的演算法，來做出明智的選擇，但是我們確實有很多明確的技巧，可以防止我們做出愚蠢的選擇。

成功狙擊賓拉登的決策關鍵

當首府華盛頓首次接獲消息，指出有線人追蹤科威特到亞波特巴德郊外一座不尋常的大院時，幾乎所有聽過描述的人都有相同的本能反應：那似乎不像賓拉登的藏匿之處。儘管那種直覺在當時顯得很強烈，但事實證明是錯的，就像海珊**肯定**在進行某種大規模毀滅性武器計畫一樣，這種感覺也是錯的。不過，幸好情報界和白宮沒有屈服於對賓拉登藏身之處的直覺反應，而是對直覺進行了探索和挑戰。他們採取了全方位的方法，籌劃兩種決策，包括賓拉登是否居住在大院，**以及**如何進行攻擊。同時，他們對於攻擊的後果，建立了長期的預測，並用紅隊進行分析。最重要的是，他們認為決策是一個需要時間、合作和結構化審議的過程，因此，他們能夠看破自己最初受到扭曲的直覺，並做出正確的選擇。

儘管歐巴馬及其直屬部下沒有對賓拉登問題的決策，進行數學分析，只是多次估計賓拉登在大院的可能性。但是在其他方面，他們遵循了我們在前幾章中探討的決策模式。最後，歐巴馬召集了他的關鍵團隊，並要求每個人積極地討論突襲決定，當時只有副總統拜登和國防部長蓋茲投票反對，其他人都支持這次突襲。（儘管許多人，包括歐巴馬本人都認為，賓拉登在那棟房子裡的機率頂多是二分之一。）第二天，蓋茲改變主意，而拜登仍然反對，後來拜登表示歐巴馬擁有「鋼鐵般的**勇氣**」，推翻了他這名副總統的意見，並批准了突襲行動。在一般情況下，透過探索決策、描繪所有可能的未來結果，並讓大腦預設網路發揮作用，就會有一條愈來愈清楚的路徑，指向最有希望的方向。當團隊研究攻擊大院的四個主要方案時，有三個方案（用轟炸機轟炸、無人機定點攻擊，以及與巴基斯坦合作）都出現致命的缺陷，因此麥克雷文的突擊計畫便成了最後的選項。

蓋達組織領導人被殺死的消息一經宣布，讚許之聲就不絕於耳。而這次任務在間諜活動和反恐行動領域中也是非常罕見的，它是一次完美的成功。事實證明，這個大院確實是賓拉登的住處。在短暫的交火中，賓拉登被殺，屍體被移走，而海豹部隊隊員只受了輕傷。麥克雷文和他的團隊唯一沒有正確籌劃出的因素，是庭院中的內部氣流，因為其中一架黑鷹在試圖降落的過程中，受到不穩定氣流的影響而墜毀。但是，即使是損失一架直升機的意外情形，也在情境規劃之中。他們已經確認過，在突襲完成後，隊員可以全部集合到一架黑鷹上，然後撤回。損失直升機是已知的未知，你可以為此事計畫，畢竟可能有**某事**導致黑鷹在靠近地面時墜毀。當這種可能的情況變為現實時，海豹突擊隊只需按照他們在突襲前幾個月模擬的計畫行事：炸毀直升機，然後繼續行動。

當這樣的行動進行順利時，我們通常會讚揚什麼呢？我們讚揚海豹突擊隊第六分隊和他們的指揮官勇氣可嘉；我們讚揚領導人的果斷，以及他們做出正確選擇的智慧。但是這些都是特質，不是行動。最終，擊斃賓拉登的決定之所以能夠如此成功，是因為它被當作問題來解決。可以肯定的是，這當中需要智慧、勇氣和果斷，但是這些特質也曾在較不成功的軍事行動中展示出來，例如布魯克林會戰或豬玀灣事件。在伊朗人質救援任務和伊拉克大規模毀滅性武器調查中，做出決定的也都是聰明、自信的人。但擊斃賓拉登任務團隊的不同之處在於：審議過程迫使他們調查所有不喜歡的證據，並想像他們行動可能出大錯的種種情況，這個過程與實際執行突襲一樣重要。然而，這個過程往往會從大眾的記憶中消失，因為趁著黑夜襲擊的英雄主義和驚人的猛烈攻勢，鋒頭自然壓過長達數個月的決策探究。但照理說，我們會希望政府、公民生活、公司董事會、計畫委員會的領導人，表現出同樣的意願，放慢決策的腳步，從多元角度處理問題，並挑戰自己的直覺。如果我們要從亞波特巴德突襲的勝利中吸取經驗，重要的不是突襲這件事，而是促成突襲的決策過程。

當黑鷹在凌晨兩點載著賓拉登的屍體降落在阿富汗東部的賈拉拉巴德（Jalalabad）時，麥克雷文和中情局駐地站長把屍體擺放好，以好好地確認屍體身分。儘管之前已經做了種種規劃，但在現場他們才察覺，自己沒有帶捲尺來確認屍體身長是否約為一百九十三公分，也就是賓拉登已知的身高。（他們最後找了一個身高相同的人，讓他躺在屍體旁邊，以便粗略地測量。）幾週後，歐巴馬總統給麥克雷文頒發了一枚勳章，讚揚他在策畫這次任務時的精明判斷。勳章的表面安裝了一把捲尺，提醒「麥克雷文選項」中未能預料到的極少數情況之一。麥克雷文和其他分析師以令人驚嘆的細節和遠見，籌劃了這個決定及其所有複雜內容。他們對大院及圍牆已經測量精密到英寸的程度，只是最後忘了帶一個測量賓拉登身高的工具而已。

4

世界級決策

我們對於未來有更好的預測能力，我們的決定也開始反映出這種新能力。問題在於，未來比以往任何時候，都更快地來臨。

「發生快速的是幻象，發生緩慢的是現實，而眼光長遠的任務是要看透幻象。」

——史都華・布蘭德

一九六〇年代初期，戰爭遊戲的熱潮影響了冷戰軍事戰略，在這時期美國海軍戰爭學院購買了一台價值一千萬美元的電腦，它的目的不是要計算魚雷的軌跡，也不是要幫助規劃造船的預算，而是一台被稱為海軍電子作戰模擬器（Naval Electronic War Simulator）的遊戲機。電腦藉由管理戰爭遊戲中的模擬情況，來增強軍事指揮官的決策能力，因為比起一群人在棋盤上擲骰子和移動棋子，電腦想必可以模擬出更為複雜的關係。目前還不清楚海軍電子作戰模擬器是否真的改善了美軍在隨後幾年的軍事決策。當然，越戰的最終結果顯示，它對美軍智慧的提升也有限。

在一九六〇年代，認為「電腦聰明到足以協助複雜決策」可能還為時過早，但如今，這已不再像科幻小說。比方說，氣象超級電腦的系集預報幫助我們決定，沿海地區在遭受颱風威脅時，是否要撤離居民；城市使用都市模擬器來評估建造新橋梁、地鐵或高速公路的交通或經濟影響。那些使十九世紀一些最聰明的人感到困惑的決定，像是是否填平大水塘、達爾文評估水療法，如今已愈來愈受到演算法和虛擬世界的指導。

超級電腦已經開始擔當起在古代屬於先知的角色：它們使我們能夠窺視未來。隨著這種預見能力愈來愈強大，我們也愈來愈依賴這些機器來協助我們做出困難的選擇，甚至替我們做出選擇。如果用電腦來模擬和預測，很容易可以想像，這能幫助決定大水塘的未來，因為它可以預測曼哈頓市中心的人口增長、破壞淡水對生態系統的影響，以及皮革廠汙染水源的經濟結果。

大約一百年前，當路易斯．弗萊．理察森在他的《數值天氣預報》中提到，有朝一日可能會有機器計算天氣預報的「夢想」時，這位數學家只想像了未來幾天的預報，或許讓船隻在颱風來臨之前，能有充裕的幾天時間來躲進港口，或者讓繁榮的城市為即將到來的暴風雪做好準備。理察森若看到二〇二〇年「數值處理」的情況時，無疑會大吃一驚：美國國家大氣研究中心（National Center for Atmospheric Research）在懷俄明州的辦公室設有超級電腦「夏安」（Cheyenne），其能利用強大的運算能力，模擬地球氣候的動向。像夏安這樣的機器使我們能夠模擬的時間軸是幾十年，甚至數百年，這在理察森看來是不可思議的。當然，這樣的天氣預測會比較不準確。你不能要求夏安告訴你，紐約人在二〇八七年七月十三日是否要帶雨具。這些預測只能告訴我們長期的趨勢，例如哪裡可能形成新的沙漠、哪裡可能發生水災、哪裡的冰帽可能融化，而且即使這些也只是機率。雖然這種遠見有時看似相當模糊，但比起理察森在一百年前所能想像的事情，已準確得多了。

在 Snapchat 和推特等社交媒體上，人們注意力集中的時間愈來愈短，而數位科技常常被認為是罪魁禍首，但事實上，在迫使我們面對可能是人類面臨過最複雜、長期的決定，也就是如何應對氣候變遷的問題時，電腦模擬發揮了絕對必要的作用。在很大程度上，由於有了夏安這樣超級電腦的模擬，科學家之間普遍達成共識，認為全球暖化構成了明確的威脅。要不是有這些機器能建立全方位的模型，像是追蹤全球現象如噴射氣流，一直到二氧化碳的分子特性。否則，我們對於氣候變遷的潛在危險，以及轉向可再生能源的長期重要性，也就沒那麼有把握了。這些模擬現在影響著地球上數百萬個決定，從個人選擇購買油電混合車，而非汽油車；到集體決定安裝太陽能電池板為公立學校發電；再到全世界決定簽署《巴黎氣候協定》，無論從簽署國的數量，還是從目標上來看，都確實是我們人類歷史上最全球化的協定之一。

儘管我們有能力做出這些決定，但這個事實不應成為我們安於現狀的藉口。我寫本書正值二〇一七年秋天，而就在幾個月前，川普政府宣布美國將退出《巴黎氣候協定》。我們有可能在二、三十年後回顧這段期間，會認為這是一場大混亂的開端，因為愈來愈多的公民把氣候變遷視為「假新聞」，導致政府跛腳的情況愈來愈嚴重，破壞了人們為降低全球暖化影響所做的努力。

如果你對美國人進行調查，我覺得大部分人會說，我們在長期決策中變得**愈來愈糟**。因為大家生活在注意力不集中的時代，使我們無法把眼光放遠。相當多的人可能會指出，我們人類這個物種對環境造成的破壞，是我們目光短淺最明顯的例子。

的確，過去幾十年出現了許多令人不安的趨勢，已經重大地損害我們做出集體決策的方式，其中大部分趨勢與多樣化這個關鍵特質有關。在美國，透過劃分選區、操縱選舉，削弱了眾議院選區所代表的多元意識形態，因而眾議院的決定也缺乏多樣化。國會議員愈來愈壓倒性地由共和黨或民主黨的選區陣營選出，所以現在美國國會議員的政治世界觀是歷史上同質性最高的。但是，這種趨勢並不完全歸因於政客為謀求連任的陰謀。我們也正在經歷人口結構的「大分類」（Big Sort），❶愈來愈多民主黨人住在城市和近郊，而共和黨人則占據郊區和鄉村。因此，當我們聚在一起要做出任何類型的本地決策時，至少從政治上來說，我們的團隊是由更為同質的決策者所組成，因此容易出現同質性給群體決策帶來的各樣缺失。

在關於多樣化重要性的文化辯論中，這一點往往被低估。川普內閣會議或共和黨眾議院黨團會議給人的印象，都是穿西裝、打領帶的中年白人男性，所以我們很容易把這些團體缺乏多樣性的情況，框架成平等主義出了問題或代表性不足，而這完全經得起推敲。我們希望有一個「看起來像美國」的內閣，因為這將使我們邁向一個各行各業的人才都可以進入政府高層的世界，也因為這些不同領域的人，勢必會有不同的利益，而我們的治理方式需要反映出這些利益。但是，當我們抱怨私人或公共部門組織高層缺乏多樣性時，我們經常會忽略另一個因素：**多元化的團體能做出更明智的決定**。（針對性別和決策的研究數據最能體現這一點。）如果你想組織一支被認定準會失敗的**天兵團隊**，目的是要搞砸複雜的決定，那麼招募清一色男性成員會有很好的效果。因此，當我們看到一大票男性簽署法案，阻止對計畫生育聯盟（Planned Parenthood）的資助時，我們不應該光是指出，女性可能了解該機構的價值，而男性不理解。我們還應該指出，不光是在「婦女議題」上而已，一群男性更有可能在**任何事情**上做出錯誤的選擇。

但是，雖然有這些限制和挫折，我們應該提醒自己，我們在其他許多領域所嘗

❶《大分類》這本二〇〇八年出版的書討論了美國的人口結構變化。近年來，觀點相似的人逐群而居，成了一種趨勢。

試決策的時間範圍和領域，是我們曾祖父母輩無法想像的。在一九六〇年，人們在做決定時，絕對不會考慮到這個決定對二〇六〇年大氣中碳的影響。如今，全球各地無數的人每天所做出的決策，會考量到長期影響，包括政治人物提出了新法規，把碳的真實成本納入成本效益分析中，以及企業主管選擇用可再生能源來管理公司，一直到一般消費者在超市選擇購買環保產品。

回想一下皇后區的草原湖，以及那些在藍綠藻暴增之後，費力吸取氧氣的魚兒。從某種意義上來說，這些魚是決策過程中的利益相關者，牠們之所以被當作有意義的變數，部分原因是牠們在生態系統中扮演著重要的角色，而生態系統最終維持了人類的生命。此外，還因為我們許多人相信，無論魚兒是否供應人類的需求，牠們是地球上的一個物種，擁有某種固有的生命權。早期的曼哈頓人決定填平大水塘時，沒有人為曼哈頓下城的生態繪製出影響路徑。他們只是認為自己將擺脫汙染日益嚴重的湖泊，並建造一些新房子。

懷疑論者會說，沒錯，是有一些環境規劃者關心濕地野生動植物，但是如果你把地球看成一個整體，我們正以前所未有的速度在破壞地球。過去兩個世紀顯然是人類歷史上對環境破壞最嚴重的時期：我們在草原湖中每保護到一條魚的同時，地球上一千個物種被我們滅絕。這難道不是我們現代人在做出更糟糕選擇的明證嗎？

但事實是，從物種的層面來看，我們的科技至少造成長達兩萬年、甚至更久的生態破壞。毫無疑問的，在工業化前，有一些社區在做飲食和住所的集體決策時，會把「自然平衡」納入考量中。但是，在人類歷史的多數時期，如果對我們的短期需求有利，我們願意犧牲幾乎任何的自然資源。想想在人類占領北美洲的前幾千年中，從大約公元前一萬一千年到前八千年那些被迫絕種的哺乳動物，如乳齒象、美洲豹、長毛象、劍齒虎，以及至少十幾種熊、羚羊、馬和其他動物。在歷史上大部分的時候，我們的屠殺能力更多是因為受限於我們的技術，而不是受到我們智力或道德上的限制。我們一直把我們的工具發揮到淋漓盡致，只要有「更好」的工具（如果「更好」是合適的措辭），那麼我們就可以造成更大的傷害。

另一方面，草原湖中的魚意味著新的思考方式：即使其他物種在短期內對人類沒有什麼價值，我們也決定要保護牠們。自石器時代人類發明了挖掘工具以來，人類就一直在填平池塘。但是，思考氮氣逕流對藻類大量繁殖的影響，以及藻類大量繁殖可能會使魚兒缺氧，這是一種新的思考方式。

有一些人繼續爭論是否真的發生全球暖化了，更不用說我們應該如何因應，顯示我們仍然不是這種思考方式的專家。是的，美國曾威脅要退出《巴黎氣候協定》，這的確是個不祥之兆。但是這個特定的說法還言之過早，最後會怎樣發展還不確定。到目前為止，《巴黎氣候協定》實際上是由兩個不同的決策所構成：一邊是一百九十五個國家簽署了協議，另一邊則是有一名個性捉摸不定的領袖大動肝火，揚言要退出。❷從長遠的角度來看，哪一種決定更令人印象深刻？自從農業時代以來，我們就有過於急躁的領導人，而真正對日常生活產生影響力的實際全球協議，則是新的調和物。

我們有時在這類選擇上顯得不稱職，好像我們的表現在退步。但那是因為現在我們有了更高的標準，所以有時顯得我們沒有比前人來得慎重。事實是，在過去的幾個世紀中，我們的決策領域和考量的時間範圍都顯著地擴大。阿茲提克人和希臘人可以透過日曆和原始的天文學窺視未來，並建立了可存續數百年的機構和建築物，但是他們從來沒有考慮去解決那些五十年後才會出現的問題。他們可以看到長遠的週期性和連續性，但是無法預料突然出現的問題。

我們對於未來有更好的預測能力，我們的決定也開始反映出這種新能力。問題在於，未來比以往任何時候，都更快地來臨。

該與外星人對話嗎？終極全局思考

我們決策的時間範圍可以延伸到多長？以個人而言，幾乎所有人都會發現自己在思考一些攸關一生的決定，好比與誰結婚、是否要生小孩、要住在哪裡、要從事什麼職業。以社會而言，在氣候變遷、自動化、人工智慧、醫學和城市規劃方面，我們正在積極地思考時間範圍超過一個世紀的決策。那麼，時間的範圍會不會拉得

❷ 二〇一九年十一月四日美國正式向聯合國提出退出協定的要求，開始為期一年的過程，二〇二〇年十一月四日退出正式生效。二〇二一年二月十九日美國正式重返《巴黎氣候協定》。

更長？

想想一個決定：我們應該與生活在其他星球上的高智生物對話嗎？至少在一開始，大多數人可能沒有強烈的意見。二〇一五年，包括伊隆．馬斯克在內的十幾位科技名人簽署了一份聲明，堅決地否定了這個問題，該聲明指出：「有意地向銀河系中的其他文明發出信號，會引起地球所有人對訊息內容和接觸後果的擔憂。在發送任何消息之前，必須在全球各地進行科學、政治和人道主義的討論。」他們認為，先進的外星文明在回應我們的星際問候時，可能像西班牙殖民隊長埃爾南．柯爾特斯（Hernán Cortés）❸表面上對阿茲提克人親切。這份聲明是對一項日益茁壯的運動做出回應，該運動由一個跨領域的團體所領導，其成員為天文學家、心理學家、人類學家和業餘太空愛好者，他們的目的是要向銀河系中可能存在生命的行星，發送訊息。這種新方法，有時也被稱為「向外星高智生物傳達訊息」（Messaging Extraterrestrial Intelligence，METI），旨在積極地嘗試與外星文明建立聯繫，而不像ＳＥＴＩ組織（Search for Extraterrestrial Intelligence，即「搜尋外星高智生物」），單純用望遠鏡搜尋天空，尋找高智生物的跡象。ＭＥＴＩ組織由前

SETI的科學家道格拉斯．瓦科奇（Douglas Vakoch）所領導，從二〇一八年開始傳送一系列的訊息。俄羅斯企業家尤里．米爾納（Yuri Milner）的「突破聆聽」（Breakthrough Listen）計畫也承諾支持配套的「突破訊息」（Breakthrough Message）計畫，包括透過公開競賽，構思向其他星球傳遞關於地球的訊息。你可以把它看成是星際計畫的專家會議，讓科學家們一起思考。

如果你認為發送訊息有可能與外星生物取得聯繫，那想當然它會是人類這個物種所做出的最重要決定之一。我們會成為銀河系的內向者，躲在門後，聽著外太空的生命跡象嗎？還是我們將成為外向者，率先展開對話？（如果是後者，我們應該說些什麼呢？）考慮到與其他星球之間的傳遞時間，向太空發送訊息的決定，可能在一千年，甚至十萬年內都不會產生有意義的結果。史上第一則有目的的訊息是著名的阿雷西博訊息（Arecibo Message），由法蘭克．德雷克（Frank Drake）在一九七〇年代針對五萬光年外的星團所傳送的。根據物理定律，我們最快可以察覺到該

❸ 柯爾特斯摧毀了阿茲提克古文明，並在墨西哥建立起西班牙殖民地。

決定的結果，是十萬年後。很難想像，人類要面對比這個牽扯更長久的決定了。

反METI運動認為，如果我們設法與另一種高智生物建立聯繫，幾乎想當然，新筆友的文明會比我們先進得多。[1]（一個較不先進的文明無法偵測到我們的信號，而碰巧聯繫到與我們科技水準相同的文明，那種巧合又太難以置信。）正是因為這種不對稱性，讓許多有遠見的思想家認為，METI不是一個好主意。尤其人類對弱勢文化的剝削史，更加深了批評METI人士的信念。例如，史蒂芬·霍金在二〇一〇年的系列紀錄片中清楚表示：「如果外星人來拜訪我們，結果將與哥倫布登陸美洲時的情況大同小異，對美國原住民的結果並不好。」天文學家和科幻作家大衛·布林（David Brin）也認同霍金的評論：「就我們所知道的**每一個案例**，科技水準高的文化與科技水準低的文化聯繫時，都帶來了痛苦。」

關於METI的決策，特別之處在於它迫使人們的思維突破平常的極限。比方說，運用人類自身的智慧，去想像有某種完全不同的高智生物。你把時間軸拉長，想像在二〇一七年做出的決定，可能會在一萬年後引發嚴重的後果，其嚴重程度甚至挑戰了我們一貫採用的因果措施。如果你認為METI極有可能會接觸到銀河系中的另一種高智生物，那麼你必須接受這個由文學家、科幻小說家和億萬富翁贊助人組成的小團體所苦惱的決策，將是人類文明史上最徹底改變人類命運的決策。

所有這一切又讓我們回到了一個更實際、但同樣困難的問題：**要由誰來決定？**經過多年的辯論，ＳＥＴＩ界人士擬定了一套協議，如果ＳＥＴＩ真的偶然發現了來自太空的可理解信號，科學家和政府機構應遵循這個協議。該協議特別規定：「在進行適當的國際磋商之前，不得回覆任何來至外星高智生物的信號或其他證據。」但是，還沒有一套類似的指導方針來管理我們自己國家的星際擴展活動。

隨著技術和科學實力增強，未來幾十年，對於ＭＥＴＩ的辯論與其他攸關人類生存的決策，都會持續下去。比方說，我們是否應該製造超級智慧機器，但其能力遠超乎我們自身的智力，以至於我們無法了解它們的智慧是如何運作的？或者，正如許多矽谷有遠見者所提出來的問題，我們是否應該「治療」死亡？就像ＭＥＴＩ一樣，這些可能是人類有史以來最重大的決定之一，但是到目前為止，積極參與該決定的人員卻寥寥可數。

在針對ＭＥＴＩ決定的辯論中，多倫多約克大學（York University）的人類學家凱瑟琳・丹寧（Kathryn Denning）是最認真思考的參與者之一，她認為像METI這樣的決定，需要更多利益相關者加入：「我認為，關於METI的辯論，可能是少數需要具備高度科學知識才能來討論的話題。另一方面，METI與既有政策的關聯卻很薄弱。但在最終分析時，這攸關地球人願意承受多大的風險……那麼，為什麼是由天文學家、宇宙學家、物理學家、人類學家、心理學家、社會學家、生物學家、科幻作者，或其他任何人（此順序不分先後）來決定人類要承受多少的風險呢？」

像SETI界所擬定的協議、甚至是《巴黎氣候協定》，都應視為人類決策歷史上真正的成就。然而，它們類似於規範，而非實際的法案，並不具備法律的效力。儘管規範是很有效的東西，但是，正如我們近年來所看到的情況，規範也可能很脆弱，容易被不在乎主流意見的搗亂者所破壞，而且它們很少有足夠的力量，來抵抗技術創新的腳步。

在涉及滅種風險的決策中，規範的脆弱可能最為明顯。新技術（如自動複製機）或介入措施（如METI），哪怕對物種的生存構成微不足道的風險，也需要全球更多的監督。正如丹寧的建議，制定這些法規會迫使我們從全球的層面，來衡量風險承受能力。因此，我們需要一張全球的「壞事件表格」，只是不像 Google 演算法那樣，需要對幾秒鐘內發生的事件，計算出風險等級，而是要衡量好幾百年後才會出現的事件風險。如果我們不建立可以衡量風險承受能力的機構，那麼在沒有機構評估的情況下，投機者就會自行制定討論的議程，而我們其他人將必須承擔後果。同樣的模式適用於那些雖然不太算是攸關生存風險的選擇，但是也與生存**變革**有關的決定。比方說，如果你問美國人和歐洲人是否希望「治療」死亡，多數人的答案為否。相反的，他們更喜歡追求長壽、有意義的人生，而不是永生。但是，如果長生不老在技術上是可以實現的，並且至少有一些具有說服力的證據，顯示可以永生，那麼我們還沒有阻止這種情況發生的機構。我們是否想選擇長生不老？如果可以選擇的話，那是一項全球、物種層面的決定。

決策工具大改造：美國政府的實驗

那麼，我們將如何做出這樣的決定？我們的確有像聯合國這樣的機構，為我們提供全球選擇的框架。儘管聯合國的力量有限，但聯合國得以存在，就是真正有所進展的指標。如果我們的決策能力，隨著決策團隊的日益多元化而提高，那麼很難想像還有什麼機構能比聯合國這個代表世界上所有國家的機構更有遠見了。不過，聯合國當然是透過非常間接的方式，來代表這些國家的人民。聯合國的決定幾乎沒有直接表達「人民的意志」。那麼，是否有可能進行全球規模的專家會議，不僅限於政治任命者，還有利益相關者都可以積極地討論自己的優先事項和風險承受能力呢？

我們發明了各種形式的民主制度，以幫助我們決定社會的法律樣貌。也許現在是時候了，我們應該從小規模的群體決策中，吸取一些經驗，並應用到大眾的決策領域。聽起來雖然不可能，但實際並非如此。畢竟，光在我這一生，網際網路的興起就多次改變了我們溝通的方式：從電子郵件到部落格，再到臉書的近況更新。為什麼我們不藉此機會，重新改造我們的決策工具呢？

有證據顯示，如果用來組織集體智慧（和集體愚蠢）的軟體工具設計得當，則可以利用網際網路上的人群，來設定優先事項和提出建議，而這表現會比所謂的專家更精確。在二〇〇八年歐巴馬就職前一個月，新政府受到當時正在興起的開放政府運動啟發，進行了一項直接民主的小實驗。他們開闢了一個線上平台，邀請美國民眾對未來四年的優先事項提出建議，最終彙編成《全民建言書》（*Citizen's Briefing Book*）。一般老百姓可以提出倡議，也可以投票支持其他倡議。最後，在三個最受歡迎的倡議中，有兩個倡議敦促歐巴馬徹底改革嚴苛的毒品法，並結束大麻的禁令。當時，這樣的結果引發媒體機構的訕笑。當你向瘋狂的網民敞開大門時，就會發生這種情況：會有一大群癮君子提出建議，但根本不會獲得主流的支持。但到歐巴馬第二任期結束時，建言書成了直接民主想法的第一道微光。最終，判決法被修訂，大麻在六個州合法化，現在大部分的美國人支持全面的合法化。

在兩極分化的民族主義時代，對任何問題進行全球監督，無論其對人類生存的威脅有多大，都聽起來很天真。科技很可能帶來必然會發生的事情，我們只能做到在短期內控制它們。相比之下，事實證明減少碳足跡這項選擇，可能比停止METI，或長生不老之類的研究還更容易。因為有一條愈來愈明顯的途徑顯示，人類能把氣候變遷的風險降至最低，這涉及採用更先進的技術：不是退回到工業化前的生活，而是進步到碳中和（carbon neutral）技術的世界，例如太陽能面板和電動汽車。在我們的歷史上，因為好幾個世代之後才可能出現的威脅，就主動放棄一種新的技術能力，或者選擇不與其他社會接觸，這樣的先例並不多。但是現在，我們也許應該來學習如何做出這樣的決定了。

超級智慧決策辯論：大躍進vs自取滅亡

像夏安這種超級電腦的發展，運算能力高到足以籌劃未來一百年氣候變遷的影響路徑，賦予了我們兩種遠見：首先，它使我們能夠預測氣候的未來變化，幫助我們對於現今的能源使用和碳足跡，做出更好的決策；其次，它們意味著人工智慧發展的長期趨勢，這些趨勢可能在未來幾個世紀對人類構成生存的威脅。摩爾定律的上升軌跡和機器學習的最新進展，使許多科學家和技術專家相信，我們必須面對新的全球性決定，也就是如何應對「超級智慧」機器的潛在威脅。在細微的決定方面，如果電腦的智慧水準可以勝過人類，例如在複雜的刑事審判中做出判決，那麼這樣的電腦勢必由演進式演算法（evolutionary algorithm）所設計，其中的電腦程式碼遵循了達爾文物競天擇、汰弱留強的超極加速版本。首先，人類會編寫一些原始碼，然後系統以極快的速度，對隨機的變異版本進行試驗，然後選出能提高機器智慧的變體，並對新的「物種」進行變異。如此進行充分的循環，機器將走向智慧成熟，而沒有任何人類程式設計師可以理解機器怎麼變得如此聰明。近年來，愈來愈多的科學家和科技界領袖，如比爾·蓋茲、伊隆·馬斯克和史蒂芬·霍金都發出警告，超級人工智慧可能對人類構成潛在的「生存威脅」。

這些都意味著，全球將面對一個決定：我們是否要允許超級智慧機器的出現？我們「做出」決定的方式，可能會像紐約市民決定填平大水塘，或像工業時代的發明家，決定向大氣排放碳。換句話說，我們將以無章法、自下而上的方式來做出決定，而完全沒有經過決策所需要的長期深思熟慮。我們會繼續選擇愈來愈智慧的電腦，因為在短期內，它們在安排會議、整理出健身歌單，以及駕駛汽車方面，表現得比我們更好。但是，這些選擇不會反應出超級智慧機器可能帶來的長期威脅。

為什麼這些機器會如此危險？若要了解這種威脅，你需要擺脫人類對於智力量表的偏見。正如人工智慧理論家埃利澤．尤多科斯基（Eliezer Yudkowsky）所說的，「我們人類有一種傾向，認為『鄉下笨蛋』和『愛因斯坦』是智力量表的兩個極端，而不是一般智力量表上幾乎無法區別的兩個點。」但從老鼠的角度來看，鄉下笨蛋和愛因斯坦都是高深莫測的聰明人。在人工智慧研究的前幾十年裡，我們大部分時間都在夢想著，打造出的機器具有鄉下笨蛋的智力水準，或者達到愛因斯坦般的高峰水平。但是，正如哲學家尼克．博斯特倫（Nick Bostrom）和尤多科斯基都認為，我們沒有理由認為，愛因斯坦的智力水準會是絕對的上限。博斯特倫寫道：「我們遠非最聰明的生物物種，而是應該被視為在有能力開創技術文明中，最愚蠢的生物物種。我們占有這個有利的位置，是因為我們先做到了這個程度，而不是因為我們最適合這個位置。」在遞迴（recursive）、❹自我學習演算法的推動下，第一個真正的人工智慧機器可能會遠超乎我們的想像，直接越過愛因斯坦般的高峰，並上升到更高的高原。

像博斯特倫或霍金等人所感受到的危險，與一般科幻小說的內容並不完全相同。因為首先，人工智慧不一定要變得有意識（或如電影《魔鬼終結者》中所描述的「自我意識」）。超級人工智慧可能會發展出某種另類、與我們完全不同的意識。但是，它也可能仍然是龐大無生命的計算集合體，能夠表達和行動，以及進行長期規劃，但缺乏自我概念。其次，人工智慧未必會突然變邪惡、要報復、野心勃勃，或出現任何其他擬人化的情緒，要來破壞人類文明。例如，博斯特倫在他那本頗具影響力的《超智慧》（*Superintelligence*）一書中，幾乎不花筆墨來想像機器成為邪惡的霸主。相反的，他擔心在定義人工智慧的目標或動機時，可能出現溝通上的小錯誤，導致全球乃至宇宙的徹底轉變。試想一下，你正依照一個看似無害的目標（例如邊沁的「最大多數人的最大幸福」），來編寫人工智慧的程式。你把這句

❹ 遞迴，指將問題重複分解為同類的子問題，讓規模越來越小，最終使子問題容易求解。

話設為最重要的價值，然後讓機器來決定最佳的實現方法。最大化人類的幸福似乎是個完美、值得稱道的目標，但是人工智慧可能讓一種情境出現，以至於雖然在技術上實現了這個目標，但人類會立刻深惡痛絕：也許人工智慧把奈米機器人置入地球上每個人的大腦內，永久刺激大腦的快樂中樞，使我們所有人都變成傻笑的殭屍。人工智慧的威脅並不像是，當人類要求人工智慧，決定出因應某些環境危機的最佳策略時，人工智慧會違背我們，然後侵入國防部網路，引爆整個核武庫，因為它已經進化到有某種內在的邪惡或征服的欲望。人工智慧的威脅在於，我們要求人工智慧找到解決環境危機的最佳方案，而它決定要消除危機的主要起因——人類，因為我們沒有把目標定義得夠清楚。

大部分關於超級人工智慧的辯論，大多集中在所謂的「遏制問題」上面，這個問題艾力克斯．嘉蘭（Alex Garland）在電影《人造意識》（*Ex Machina*）中有精彩的探討：如何把人工智慧的精靈留在瓶中，但又能挖掘出它的力量？人類能否發展出一種具有超級智慧、同時又安全受控的人工智慧，不會使失控的指令引發全球性的災難？在博斯特倫令人信服的演講中，這個問題比最初看起來要困難得多，主要是因為人類要試圖超越的是，智力比我們高出幾個數量級的人工智慧。遏制人工智慧，就好比老鼠計畫要影響人類的技術進步，以防止人類發明捕鼠器一樣。

在某種意義上，我們討論超級智慧的時間點，相當於一九八〇年代末對全球暖化的辯論。那時一小群科學家、研究人員，以及公共知識分子從當前趨勢推論並預測，在幾個世代之後，將出現一場重大危機。而根據博斯特倫進行的一項調查，大多數人工智慧研究界人士認為，超越人類程度的人工智慧至少還要五十年才會出現。

在充斥世界末日情境的辯論中，時間軸橫跨了好幾個世代可能是最令人鼓舞的因素。有鑑於全球暖化威脅的嚴重性，氣候變遷倡導者經常抱怨政治和公司改革的步伐緩慢。但是，我們應該提醒自己，面對氣候變遷，我們正在嘗試做出一系列可以說是人類史上從未做過的決定：確定採取哪些法規和技術干預措施，來預防幾十年、甚至更長時間裡，可能不會對大多數人造成嚴重影響的威脅。儘管系統一有種種的偏見和直覺跳躍式思考，但系統二的長期決策才是人類智慧的標誌之一：我們有能力為了更長遠的目標，做出短期犧牲，而這正是「計畫人」的規劃和前瞻性思維。雖然我們在這方面並非毫無缺點，但我們比地球上任何其他物種都更擅長這種思維。不過，我們從未使用過這些決策技巧來解決尚未存在的問題，而根據我們對當前趨勢的推斷，我們預計這個問題會在遙遠的未來出現。

說真的，人類已經做出過決定，來設計許多巧妙的工程，而且目標明確，就是要確保它們存續好幾百年，比方說：金字塔、王朝、紀念碑、民主制度。有一些基礎設施決策，例如荷蘭的堤防系統，或旨在防範海嘯的日本建築法規，都在預料一百年或更長時間內都不會發生的威脅。儘管這些威脅並不是真的新威脅，但這些國家知道要擔心洪水和海嘯，因為他們過去曾經歷過。我們已經做出的某些決定，例如採用民主治理，明顯是為了解決尚未被發掘的問題，而把應變能力和靈活度納入守則和公約。但是，長期規劃中的大多數措施都是為了維護當前秩序，而不是為了做出選擇，以保護我們免受可能在三個世代後爆發的威脅。從某種意義上來說，與當前的氣候干預措施，以及愈來愈受關注的人工智慧議題最相似的，是末世論：在宗教傳統中，鼓勵我們根據數十年或數千年後才會來臨的審判日，做出當今的決定。

面對超級智慧，如同應對氣候變遷一樣，我們人類正在嘗試新的東西。我們積極思考**現在**所做的選擇，以便從現在起的五十年後會有更好的結果。但是超級智慧是一項更具野心的任務，因為我們預見的問題與當今現實的本質並不相同。氣候變遷迫使我們想像一個溫度更高、乾旱時間更長、暴風雨更猛烈等等的世界。我們談論全球暖化「摧毀了地球」，但這種說法是誇大了。即使我們不採取任何措施來對抗全球暖化，地球依然存在。即使在最壞的情況下，智人這個物種也可以在地表溫度升高五度的情況下，存活下來，儘管這不免帶來極大的痛苦和高死亡率。另一方面，真正的超級智慧機器可能會帶給我們滅種等級的威脅，比方說，它們有能力建造自我複製的奈米機器，吞噬所有的碳基生物（Carbon-based life）。❺但是，在我們目前的環境或歷史中，沒有任何東西類似於這種威脅，所以我們必須想像有這種威脅。

有趣的是，我們在訓練大腦做出重大選擇時，擁有的關鍵工具之一，就是講故

❺ 碳基生物，以碳元素為基礎的有機生命體。目前地球上已知的所有生物都是碳基生物。

事，準確地說，是科幻故事。這在一些大眾決策中扮演的角色，相當於情境規劃在群體決策中發揮的作用。作家兼未來學家凱文・凱利（Kevin Kelly）表示：「整體來說，這種科幻敘事是比較新的方式。如今，我們大家都相信，後代與我們的世界大不相同，但在過去我們不會這麼想，我相信這就是科幻小說的功能。藉由解析、辯論、排練、質疑，科幻小說讓我們對新的未來做好準備。至少一個世紀以來，科幻小說一直在預測未來……在過去，有許多新發明出現後，遭到法律的禁止。但是，我不知道有什麼法律，是在發明還沒出現之前，就禁止發明的。我把這個解讀成文化轉變，從把科幻小說當作娛樂，到把它視為基礎設施，科幻小說成了一種必要的預測方法。」至少一個世紀以來，科幻小說一直在反覆思考人工智慧隱藏的危險，從威爾斯的「世界之腦」，到經典科幻電影《2001 太空漫遊》（*2001: A Space Odyssey*）中的超級電腦哈兒（HAL 9000），一直到電影《人造意識》，但是直到最近幾年，這個問題才進入現實世界的對話和辯論。這些科幻作品使我們更加清楚地看到問題，幫助我們審視了受技術限制的有限理性。毫無疑問的，超級智慧的機器會以超乎想像的速度，運行系集模擬，最終將超越人類的智慧。如果我們知道超級智慧將破壞人類的生活，但是卻成功阻止了它們，那麼部分原因將歸功於科幻小說。正是因為小說慢得多的情境模擬，幫助我們更清楚地了解威脅。

現代社會的變化速度愈來愈快，當前有關人工智慧及其潛在威脅的爭論，有點像一群發明家和科學家在一八〇〇年代初聚集在一起說：「這場工業革命必然會讓我們的生產力大大提高，從長遠來看，也會提高生活水準。但是我們似乎也向大氣排放了大量的碳，這很可能會在幾個世紀後，反過來困擾人類，因此我們應該考慮如何防止這種問題。」但當然，這種對話並未發生，因為當時我們沒有工具來測量空氣中的碳；沒有電腦模擬來幫助我們預測這些碳對全球溫度的影響；沒有解決其他工業汙染物的歷史經驗；沒有監控氣候和生態系統變化的公家和學術機構；沒有科幻小說想像到新技術有辦法改變全球的天氣模式。以前我們聰明到發明了燃煤引擎，但還沒有聰明到可以預測它們對環境的最終影響。

人工智慧的辯論再次提醒我們，在做出富有遠見的決策能力方面，我們已經有了很大的進步。所有使我們能夠識別氣候變遷的威脅，或想像人工智慧世界末日的工具、感測器和敘事，集體構成了獨樹一格的超級智慧。

「我們就像神一般，那不妨學會做好這個角色。」一史都華．布蘭德在半個世紀前寫下這句名言。在近三百年的排碳工業時期，我們確實已經發展出像神一般的力量，足以深深影響地球大氣層。不過，我們是否扮演好這個角色了呢？可能沒有，但是我們學得很快。而且，在全球問題上，我們決策所橫跨的時間範圍會讓我們的祖先很驚訝。儘管像《巴黎氣候協定》這樣的長期全球決策仍不可避免地面臨著挑戰。畢竟，要一個人預測五十年後的情況已經很難了，更何況是要整個社會預測未來。但是，光是人工智慧、氣候變遷，和METI等爭論的存在就清楚地表明，我們正在開始探索新形態的遠見。有了人工智慧，所有對未來威脅的預測都可能變成虛驚一場，這可能是因為要實現真正的人工智慧難上加難，或者是因為我們發現了新技術，可以在機器超越愛因斯坦般的智力高峰之前，就把危險降到最低。但是，如果事實證明，超級人工智慧確實對人類生存構成威脅，我們最好的防禦方式可能來自**人類**超級智慧所掌握的新力量：籌劃、預測、模擬和眼光放遠。

德雷克公式：跨學科的決策啟發

超級智慧、氣候變遷和ＭＥＴＩ等議題除了歷時長久之外，還有一個共同點：這些都是必須經過廣泛學術領域的諮詢，才能正確評估的決定。光是氣候科學，就混合了多個領域，如分子化學、大氣科學、流體動力學、熱力學、水文學、資訊科學和生態學等等。定義氣候變遷的問題不光需要超級電腦夏安進行數位模擬，還需要跨學科的通力合作。而如何應對氣候變遷同樣涉及眾多領域，例如政治學、經濟學、工業史和行為心理學。同樣的，超級智慧的問題不只涉及人工智慧、演化和軟體設計方面的專業知識，也深深地受到哲學研究和科幻小說想像中的未來所啟發。當然，任何全方位決策都需要一定程度的知識多樣性，即使是最切身的選擇，正如我們將在下一章中看到的那樣，也需要利用多元經驗，來確定最佳的路徑。但是，當這些大規模的決策可能會給我們人類這個物種帶來潛在的生存風險時，需要納入的專業知識範圍更大。

理論上，在向外太空發出訊息後，要再經過十萬年才有辦法收到其他星球的回覆，在法蘭克．德雷克傳送他著名的阿雷西博訊息的十多年前，他勾勒出現代科學史上其中一個最偉大的方程式，用來決定是否聯繫其他行星上的生命形式。德雷克問道，如果我們開始掃描宇宙，尋找高智生物的跡象，我們實際偵測到東西的可能性有多大？這個方程式沒有給出明確的答案。相反的，它更像是嘗試建立起包含所有相關變數的全方位地圖。以數學的形式，德雷克公式是這樣的：

$$N = R_* \times f_p \times n_e \times f_l \times f_i \times f_c \times L$$

N代表銀河系中現存的、有交流能力的文明數量。初始變數R_*對應的是星系中恆星形成的速度，其提供了可以支持生命存在的恆星（類似太陽）總數。其餘的變數則有巢套序列（nested sequence）般的過濾功用：以銀河系中的恆星數量而言，有多少恆星擁有行星，並且有多少行星的環境可以支持生命存在？在那些潛在可以居住的行星上，實際出現生命的頻率有多高，其中再演化成高智生物的有多少，而最終能向外太空發射可探測信號的文明的比例又有多少？在德雷克公式的最後，他加入了關鍵變數L，也就是這些發出信號的文明的平均預期壽命。

據我所知，沒有其他公式可以在單一框架中完美地結合這麼多不同範疇的學科。當你瀏覽整個公式，你從天體物理學、生命的生物化學，橫跨到演化論、認知科學，一直到技術發展理論。你對德雷克公式中每個數值的猜測，最終會揭示你的世界觀。也許你認為外星生物很罕見，但當它真的出現時，通常會出現高智生物；也許你認為微生物生命在宇宙中無處不在，但是幾乎從未形成更複雜的生物。根據你給每個變數的數值，這個公式出了名地容易出現非常不同的結果。

最具有挑戰性的數值是最後一個：L，即傳輸信號的文明的平均壽命。你不必成為充滿樂觀思想的小說主角波麗安娜，就可以堅持相對較高的L值。你只需要相信，文明有可能從根本上實現自給自足，並存在數百萬年。即使太空中只有千分之一的高智生物產生了數百萬年的文明，L值也會明確地提高。但是，如果你給的L值較低，則代表另一個問題：是什麼因素使這個數值很小？科技文明是否像太空中的螢火蟲一樣，在銀河系中忽明忽滅？他們是因為資源耗盡嗎？還是因為居住的星球爆炸了？

自從德雷克在一九六一年首次勾勒出公式以來，有兩個基本發展改變了我們對這個問題的理解。第一，公式中前三個數值的乘積（代表我們對宜居星球數量的最佳猜測）增加了幾個數量級；第二，這幾十年來，我們一直在聽取信號，卻一無所獲。如果宜居星球的數量不斷增多，但在我們的掃描中，卻沒有任何高智生物的跡象，那麼問題就變成了：還有哪些變數有過濾的功用？也許即便在可居住的星球上，生物也是極其罕見的。從我們的角度來看，作為活在公元兩千年初期的人類，我們是否透過對科技的狂妄，讓自己面臨生存的風險？如果是這樣，我們希望高智生物出現的可能性極小。如果事實恰恰相反，銀河系中有大量的高智生物，那麼L值之所以很低，可能是因為其他文明的預期壽命只有幾百年，還不到上千年。在這種情況下，採用科技先進的生活方式，可能代表滅種的開始。首先，你發明了無線電，然後發明了能夠摧毀你星球上所有生命的技術，而不久後，你按下按鈕，文明就滅亡了。

也許，任何達到「計畫人」遠見等級的物種，就會有這樣的諷刺命運。也許，每當某個類似地球的星球上，演化出足夠聰明、有能力想像不同未來的高智生物，並能夠實現其所想像的未來時，這種認知上的大躍進就會引發科技升級的連鎖反應，最終剝奪了該物種的實際未來。迄今為止，SETI計畫的早期階段尚未收到來自外星的消息，表示上述的可能性至少是存在的。不過，也許這種科技升級是一場軍備競賽，但不會注定導致世界末日。也許L值很高，而且宇宙充滿了高智生物，他們度過了工業化的重重困難，沒有發生災難。也許，我們的社會早在發明毀滅自己的新方法前，就開創出具有遠見的決策方式。當然，我們必須去嘗試。如果這些超級智慧機器確實能夠幫助人類文明，並且不會意外引發博斯特倫和霍金所擔心的大規模滅亡，那是因為這些機器學會如何在評估所有的變數和後果後再做決策，並進行了系集模擬，讓自己能整理出未預料到的後果，並發現新的選擇。也許，機器會透過某種自我學習的演算法，自行演化出這種遠見。但是，如果到時候我們已經夠聰明了，可以先把機器設定妥當，豈不是更好嗎？

5

人生的抉擇

面對「千絲萬縷的壓力」所形成的多因素複雜情況，我們應如何處理，並規劃出一條通往未來的道路？

「她的世界被弄得翻天覆地，她唯一能明確告訴自己的是，她必須等待，重新思考。」

——喬治・艾略特，《米德鎮的春天》

「我準備坐下來哭泣，因為書本和生活中出現的事物，即使是其中的一小部分，我也無法理解，或者完全不懂。那麼，我還有時間花在那些不存在的事物上嗎？」

——摘自瑪麗・安妮・艾凡斯（Mary Ann Evans，即喬治・艾略特的本名）十六歲時寫的日記

在一八五一年一月的某一天，達爾文拿出他紀錄水療法的筆記本，打開到新的一頁，潦草地寫下標題：「安妮。」多年來，達爾文一直是家中健康情況最差的

人，如今他發現自己的角色從病人轉成醫生，這次是照顧他心愛的十歲女兒安妮。安妮和她的妹妹在一八四九年患上猩紅熱，而兩個妹妹已經完全康復，但安妮在隨後的幾個月中仍然很虛弱。在一八五〇年末，她發高燒，並開始嘔吐。（「我沉痛地擔心，她遺傳到我消化不良的問題。」達爾文在日記中寫道。）在諮詢了馬爾文水療中心的蓋利醫師後，達爾文一家開始在家中對女兒進行水療法，達爾文每天都把結果紀錄在筆記本上。

到了一八五一年三月，安妮的健康狀況惡化到必須採取更激進的治療方式，因此達爾文夫婦做出了攸關性命的決定，把女兒送到馬爾文，由蓋利醫師直接治療。達爾文陪著女兒，並固定寄快件信給妻子艾瑪，她當時已經是懷孕後期了。蓋利醫師的治療方法從毫無用處（定期把芥末糊藥塗在她的肚子上），到徹底的毒藥（給她開了含樟腦和氨水的「藥」，後者是致命的毒藥）。更令人不安的是，她出現了類似傷寒的症狀，這或許是因為她經常浸泡在馬爾文診所的水療池中，而水質並不像蓋利醫師說的那樣衛生。最後她在四月二十三日去世時，蓋利醫生在死亡證明上寫了含糊的死亡原因：「有傷寒特徵的膽熱。」

安妮的死是達爾文人生中極大的悲痛，「今天十二點，她非常平靜安詳地長眠了。」他在馬爾文給艾瑪寫道，「我們可憐的寶貝孩子一生短暫，但是我相信她是幸福的。我不記得這個寶貝孩子有調皮的時候。求神保佑她。我親愛的妻子，我們必須更相互扶持。」後來，他在日記中寫道：「我們失去了家中的歡樂，也失去了晚年的慰藉。哦，願她現在可以知道，我們仍然深深地愛她，並永遠愛著她那快樂的笑臉。」

她的去世使達爾文從宗教懷疑論者變成了頑固的不信者，達爾文的傳記作者珍妮特・布朗（Janet Browne）寫道：「讓艾瑪得到安慰的《聖經》教義，卻是達爾文無法跨越的障礙。即使能懷著強烈的願望去相信安妮有永生，他也無法接受。」他不再參加正式的教會聚會，而是選擇在週日早晨陪著艾瑪和孩子去當地教堂的門口，然後聚會期間他在附近散步。

如果說安妮的死加強了達爾文不信神，這更對他十多年來一直在掙扎的決定——是否發表他激進的演化論，增加了毀滅性的新複雜因素。物競天擇的概念對達爾文始終是一股反覆無常的力量。從一開始，達爾文就陷入兩難，他既想跑到屋頂上向世人宣布這個理論，又想把它鎖在抽屜裡。但是，安妮的死讓他更猶豫不知如何是好，而且那股力量更大。達爾文花了十多年的時間，探索他理論的參數，寫下他可能想到的所有反對意見，然後一一駁倒。這使得達爾文更加確信，他擁有百年中最重要的理論之一，說是千年中最重要的理論也不為過。因此，他很想與人分享，一來是因為這個理論是正確的，二來也因為他的成就一定會得到認可。他既受到想要了解世界那樣超人的動機，又有澄清自己理論這樣常人的欲望。

但是，他對艾瑪和孩子的牽絆也影響了他，更何況是對安妮的回憶了。在工作被「認可」的想法中，這可以說是一把雙刃劍。他會成為那個提出駭人想法、**鼎鼎大名的**達爾文。然而，他也可能會受到教堂大聲撻伐。在安妮死後，達爾文和艾瑪一直以來在信仰上的鴻溝，變得更大和更難以跨越。對救贖和永生的信仰使艾瑪在痛失愛女之後，仍能繼續堅強下去。因此，達爾文若向世人發表他的異端思想，等於要逼死艾瑪。他可能已經準備好要承受眾人譴責的恥辱，但是要他向悲傷的妻子，挑戰她的信仰，他還沒有準備承受那種內疚感。

很難想像一個決定會跨越如此廣泛的範圍，從伴侶之間最親密的愛、痛失愛女的心情，一直到社會宗教信仰的重大轉變。光是要畫出這樣的影響路徑，就需要一塊巨大的畫布。物競天擇恰好是影響深遠的罕見思想之一，達爾文後來提出人類和猿類有共同祖先的論點，又進一步增強物競天擇的理論。在維多利亞時代，有三個駁斥上帝的學說，其中最有實證性的是達爾文的學說，這使無神論成為主流民意的一部分。馬克思提出了政治上的學說，尼采提出了哲學上的學說，但是達爾文的學說是**有證據的**。

平心而論，大多數人永遠不會面臨如此重大的決定。因此，我們可以原諒達爾文從未真正做出決定。他選擇拖延，直到阿爾弗雷德·羅素·華萊士（Alfred Russel Wallace）要出版自己的獨立發現成果，達爾文才決定要發表。因為華萊士的發現正是達爾文私下考慮了二十年的學說，華萊士等於是用了最斯文的逼迫方式。在這之前，演化論的預想是模糊的，所以達爾文做出拖延發表的決定並不難。但達爾文對演化論的預測是正確的：演化論會改變一切。然而，由於當中根深蒂固的價值觀分歧基本上無法化解，達爾文才難以決定是否要發表。畢竟，沒有第三種中庸方式，可以向世人發表演化論，卻**不會**挑戰到基督教的教義，也不會向世界宣布，安慰你妻子的不過是神話罷了。

或者，也許在半自覺的方式下，達爾文確實想到了第三種選擇：暫時分散注意力，去研究甲殼動物和鴿子，並修改他的手稿，直到有人逼他表態。當他最終發表《物種起源》時，艾瑪對丈夫不信神的事實早已釋懷，而且他也是不得不公開發表自己的理論，因為他要成為演化論的第一位作者。

達爾文的決定非常吸引我，同時也讓我感到難過，它竟能同時是令人痛心的切身決定，也是攸關大眾的決定。它的下游漣漪不僅影響了他妻子的愛與信仰，**也**改變了我們對人類在宇宙中地位的集體認知。儘管就這個決定涉及的範圍而言，這不是可以由專家會議、民主投票或陪審團做出的。相反的，這個決定在很大程度上，必須由達爾文自己決定，外加達爾文的妻子和最親密朋友的幫助。的確，雖然很少有人要面對影響如此廣泛的決策，但我們一生中所做出的多數重要個人決策，確實都需要全方位的審思。這些決定的「半衰期」可能只有數年或數十年，而不是像達爾文的選擇，或者像填平大水塘的決策那樣，影響會持續幾百年。但是一般人的決定所面臨的基本挑戰，與前幾章所探討的許多決策挑戰是一樣的：面對「千絲萬縷的壓力」所形成的多因素複雜情況，我們應如何處理，並規劃出一條通往未來的道路？

中年大叔西遷記：最考驗人生的決定

這本書可以追溯到我人生中的一個決定，是我在七年前開始苦思的，而到現在我在撰寫本書之時，這個決定仍影響著我。在二〇一一年冬天，從十二月下旬到隔年二月，布魯克林的人行道上就一直堆積著雪。有一天，當我爬過約一公尺高的雪堆時，我突然想到，該搬到加州了。我在紐約生活了半輩子：我在曼哈頓西北部的晨邊高地（Morningside Heights）讀研究所，之後和我太太搬到西村住，並生了第一個孩子。然後，就像我的許多紐約朋友一樣，在我太太懷第二個兒子的時候，我們就搬到了布魯克林。這二十年來的生活令人興奮，但是隨著年齡的增長，每年二月我內心就會冒出搬到加州的念頭，如同寒冷的天氣一樣可以預測，然後隨著春天的到來，又打消了念頭，但是最終這個念頭在我心中扎根。

在我把這個想法告訴我太太之前，我花了很多時間向自己證明搬家的合理性。我告訴自己，我們的孩子正值冒險的最佳年齡。他們已經夠大了，可以體會冒險的好處，年紀也不至於大到，會因為捨不得朋友，而拒絕搬家。而且，如果沒有好好利用這個機會（就算只是試個幾年），好像很可惜。儘管我仍然喜愛紐約，尤其是布魯克林，但是加州也有很多值得去喜愛的地方，特別是舊金山灣區，那裡有壯觀的自然風景、推動文化轉變和新觀念的悠久歷史。

對於搬家，我也有哲學上的理由。我開始認為，無論你搬到哪裡，這種變化本質上都是好的。幾年前，有一位情況類似、早幾年搬到西岸的老朋友告訴我，搬家的好處是，變化的環境可以幫助你更深入地了解自己和家人。你可以看到自己真正喜歡老家的事情是什麼，還有哪些事情是困擾你的，只是以前你沒有完全意識到。就像科學實驗中好的對照組研究一樣，這種對比會讓你看到真正重要的事情。當你更改背景的景色時，有助於你更清楚地看到前景。

另外一個理由是時光的流逝。另一位老朋友與我一起在紐約住了二十年，我們都看著自己的小孩快速地成長，他寄給我一封電子郵件，積極地討論西遷的決定，他寫道：「搬家的變化會讓時間變慢。」當你按部就班地生活，去相同的老地方時，時間似乎過得很快。（我們的小兒子怎麼這麼快就出生四年了？）但是，搬遷的種種複雜問題，像是找到住的地方、怎樣搬家，並在變化的環境中，摸索各種新的現實狀況等，這意味著你曾經像是自動的後台處理程序般、不經意就流失的時間突然闖入你的意識裡，也意味著你發覺到，自己必須牢記所在的地方。你必須弄清楚情況，想清楚事情，而這會讓你更加敏銳地意識到時光的流逝。你會迷路，或者至少必須思考一會兒，才能再次找到正確的方向。

因此，這就是為什麼我們應該搬家的原因，我說服自己內心的不同聲音：對我們的小孩會有正面的影響、那裡的自然美景、氣候、灣區科技界的氛圍，以及那裡有過去二十年我不常碰到的許多朋友。最重要的是，搬家會幫助我們放慢腳步。

老實說，我覺得我為這次搬家打造出相當堅定、甚至是詩情畫意的理由。除了搬家這件事造成單純的人口變化，讓加州人口增加五名新居民，紐約少掉五名居民之外，這根本不是攸關公共的決定。但是，即使如此，我最初支持搬家的論點清單上，也涉及了廣泛的範圍，並運用了成本效益分析。當然，它是一個多層次的分析

（雖然我看到的大部分都是好處）。而決定搬到加州，有一部分是經濟的決定，涉及到住在城市和郊區的生活成本，但同時也引發了心理的問題，即身處大自然的環境對於自己和孩子的生活有多重要。對我來說，這個決定也是關於我想要的人生軌跡：我要成年後大部分時間都住在同一個地方，還是要在不同的地方過著有意義的生活？還有其他更能量化的因素需要考慮，如：學校、天氣、出售我們在布魯克林房子的實際潛在影響。

達爾文有自己的私人利弊清單。不好意思的是，我也把自己的論點做成簡報投影片，在二月的一個下雪天，我讓太太坐在電腦前面，跟她講解理由。後來，我轉向寫信，按照我當時的邏輯想法，以單行行距寫了三、四頁的篇幅。

但是，儘管我認為我的思維圖很全面了，我太太對最初論點的回應使我意識到，我只是剛開始清點所有的思路而已，她的思維圖則更考量到社交和政治的因素。我們在布魯克林住家附近有很多朋友，大家認識二十多年或更久了。我們與這些住在步行距離之內的老友，培養出「整個村子一起」養育孩子的經歷，那失去與這些人的日常聯繫的代價有多大？而放棄布魯克林以步行為主的生活，選擇加州郊區靠汽車代步的生活，又意味著什麼？

我們在這個問題上反反覆覆幾個月，無法做出決定。最終，我們找到了一條未發現的道路，這是另一種選擇，使決定超出我最初提出的「要不要」的簡單選擇：我們決定搬到加州住兩年，但也同意在這次實驗之後，如果我太太想搬回布魯克林，我們就搬回去，沒有問題。當時這似乎是個好主意，即使七年後再回顧這件事，我想我和太太仍同意這是個好主意。但是，搬家的實際經驗，毫無疑問的，是我們婚姻中最痛苦的一次經驗。我太太覺得和東部的朋友斷了聯繫很悲慘，畢竟我們搬到一個她幾乎不認識任何人的社區。在搬到加州的頭幾個月，為了宣傳一本新書，我必須出差各地，而每次下飛機時，舊金山灣區的美景看起來就像美到難以置信的棲身之所，令我重拾新生。我們之間的觀點存在巨大的鴻溝，她過得很痛苦，而我覺得被解放了。

漸漸的，鴻溝逐漸縮小。她學會了欣賞灣區的許多迷人之處；我則開始想念我在紐約的朋友，以及紐約到處是人行道的步行樂趣。最終，我們想到了我最初提出要搬家時，幾乎未曾考慮過的另一種選擇：我們將嘗試在東西兩岸開創生活，一部分時間住在布魯克林，另一部分時間住在加州。但是我經常回想這個決定，想知道我們是否可以從一開始就能做得更好，協調兩人不同的價值觀。當然，在面對個人決定時，我們在前幾章探索的一些特定方式似乎有些可笑，例如，進行跨學科的專家會議，或者設計一場戰爭遊戲，來模擬你搬到加州，這些方式可能不會使選擇變得更清晰。但是，基本的原則像是尋找不同的觀點、挑戰你的假設、努力籌劃變數等技巧，勢必能幫助你做出更有理有據的決定，並且一定會比富蘭克林利弊清單上的道德代數還要更進步。

但是，關於這類個人選擇的科學必然是模糊的。我們對群體協商的決策非常了解，因為我們可以運用模擬陪審團、戰爭遊戲，和虛擬犯罪調查等對照實驗的形式，進行多次的模擬。然而，要在實驗室實驗中，模擬一個切身的決定就困難多了，無論這個決定的內容是搬到加州或結婚，還是其他生活大事。對於這些類型的決策，我們可以從另一種模擬中學習。

經典文學的全方位決策地圖

大概在我開始為搬到加州提出理由的時候，我又重新讀小說了，那時我剛滿四十歲。我研究所念的是英國文學，所以我二十幾歲的時候，大部分時間都在鑽研艾略特、狄更斯、巴爾札克和左拉的大部頭故事，而且說實話，有時候讀得很吃力。但是我在二十歲中期時，對科學史產生了遲來的興趣，因此我花了大約十年的時間來彌補，幾乎只閱讀非小說類作品。但是到四十歲時，一切又變了，我發現自己需要小說的陪伴。我開始看到人生更長的軌跡，這使得小說的敘事對我來說，變得愈來愈重要。我回去重讀的第一批小說之一，就是二十多歲時給我留下最深刻印象的作品：《米德鎮的春天》。

對於《米德鎮的春天》，不同的讀者會有不同的感觸。而當我在四十歲初頭重讀這本書時，我很清楚地發現，這部小說非常生動和鉅細靡遺地描述大腦做決定時的運作情況（畢竟當時我也正考慮人生中的一個重大決定），而這是我在二十多歲時沒有意識到的。我當時還沒有詞彙可以用來比喻，但是我感受到的是艾略特全方位的描繪能力，顯示了複雜決策激發了許多不同等級的經驗，即使這個決定主要涉及個人私事。比方說，把內心獨白的強烈程度視為量表的高端；把朋友、家族和鎮上愛講閒話的人的變動關係看成中端；把緩慢、有時肉眼看不見的技術或道德史演變視為量表的低端。有些小說描繪一小部分的情形，專注於內心獨白或公共領域，但是有些小說描繪全方位的情形，呈現了那些情緒強烈的私人時刻，是如何不可避免地與更廣泛的政治環境聯繫在一起。例如，科技變化波及到整個社會，進而影響到人們的婚姻、小鎮上人們的閒言閒語，再影響到個人的財務狀況。正如《米德鎮的春天》一樣，全方位的分析可以創造引人入勝的藝術作品，但它也有更多的指導意義，因為我們在生活中所面臨的複雜決定，幾乎都是全方位的事務。

我們已經在《米德鎮的春天》的場景中看到了一些這樣的描述，比如利德蓋特在選擇教區牧師人選時，千絲萬縷的壓力讓他很挫敗，因而左右了他的決定。但在書中，女主角多蘿西婭·布魯克（Dorothea Brooke）的決定才是核心亮點。多蘿西婭的選擇涵蓋了全方位的因素，值得我們詳細提出來，因為這能證明艾略特對這個決定的描述是多麼微妙和深遠。當然，你也可以用許多其他文學作品中的決定來代替，其中有些決定是英勇的，有些是悲劇的。比方說，在巴爾札克的《幻滅》（*Lost Illusions*）中，呂西安・夏爾登（Lucien Chardon）在故事快要結束時，做了攸關命運的決定，在三張本票上偽造妹夫的簽名；在強納森・法蘭岑（Jonathan Franzen）的《修正》（*The Corrections*）中，藍博特（Lambert）一家人因為父親日益衰老而苦惱。其他敘事形式也可以凸顯出全方位的決策。比方說，在電影《教父2》中，麥克・柯里昂（Michael Corleone）決定殺害哥哥；或是在影集《絕命毒師》（*Breaking Bad*）最後一季中，華特・懷特（Walter White）的最終結局。所有這些敘事都有引人入勝的情節轉折和生動逼真的人物形象，但是它們之所以如此引人注目，是因為它們準確地描繪出對選擇發揮作用的多方力量。從某種意義上來說，讓自己沉浸在這些故事中，就是我們在生活中所需要的一種籌劃練習。

在《米德鎮的春天》的第一章中，多蘿西婭犯了一個令人難以相信的錯誤，她嫁給愛德華・卡蘇朋（Edward Casaubon）這名年邁沉悶的老學者。但她並非是對卡蘇朋本人有浪漫激情的情感，而是因為一項宏偉的智識合作計畫，要幫助他進行一項規模浩大的探索，發現「所有神話的鑰匙」。（多蘿西婭這種充滿朝氣的熱忱似乎是以艾略特年輕時的個性為樣板。）結果，卡蘇朋是文學作品中最經典的無用之人：不僅婚姻關係冷淡、了無生趣，他的學者專業工作對多蘿西婭來說更是格外無趣。她很快就把他的宏偉計畫看作是一座用幻想建造、沒有盡頭的迷宮，完全沒有任何潛在的模式可循。在他們去羅馬度蜜月時，她新婚的幸福就開始幻滅了。然而，她遇到了一位年輕的政治改革家威爾·拉迪斯拉夫（Will Ladislaw），他是先生的表姪，但因為母親與一名波蘭音樂家不光彩的婚姻，個人的財務情況也不好。拉迪斯拉夫和多蘿西婭發展了柏拉圖式、但又深厚的友誼，而拉迪斯拉夫的活力和政治抱負與她婚姻生活中的學術陵墓，形成了鮮明的對比。在多蘿西婭回到先生家在米德鎮的洛伊克莊園（Lowick Manor）後，兩人的婚姻生活變得更加慘淡。卡蘇朋察覺到兩人愛意的火苗，而事實也確是如此，就在遺囑中懷恨地添加了一項祕密條款，明確指示，如果多蘿西婭在他死後，嫁給威爾·拉迪斯拉夫，就不得繼承他的全部財產。

在《米德鎮的春天》第五卷，也就是令人難忘的「死者之手」（The Dead

Hand）中，[1]卡蘇朋死於心臟病。直到那時，多蘿西婭才首次得知亡夫在遺囑中添加那項條款。在多蘿西婭知道消息後，艾略特帶著我們走進她意識的轉化中：

> 她可能會把自己當時的經歷說成是一種迷惘、驚訝的感覺，因為她的生活整個變了調，她正在蛻變，而記憶無法適應剛剛萌生的新器官。一切都變了：她丈夫的行為、她對他忠貞的感情、他們之間的種種爭執，還有，她與威爾．拉迪斯拉夫的所有牽扯。她的世界被弄得翻天覆地，她唯一能明確告訴自己的是，她必須等待，重新思考。有一種變化使她感到恐懼，彷彿這是一種罪過。她對已故的丈夫產生了強烈的厭惡感，因為他暗藏著一些念頭，也許扭曲了她的所言所行。然後她再次意識到另一種變化，同樣使她不寒而慄，她突然對威爾．拉迪斯拉夫有種不尋常的思念。

從這些句子中，我們感覺到一個人在面對世事變化時的迷惘，但這種改變又反過來提供未來新的可能性。這種徹底的轉變，像「在蛻變，而記憶無法適應剛剛萌生的新器官」，逐漸鋪陳出小說後面懸而未決的決定：是要遵從亡夫的命令，還是犧牲自己的財產，嫁給威爾・拉迪斯拉夫，證實她已故丈夫最擔憂的懷疑。

在像珍・奧斯汀這樣的小說家的筆下，這些變數足以推動敘事的發展：她會跟隨自己的心，與拉迪斯拉夫私奔，還是做出明智的財務決策，保留洛伊克莊園的所有權？按照這些條件的框架，多蘿西婭的選擇實際上是兩條路的決策，即在情感和財務之間做出選擇。但是，艾略特把多蘿西婭的選擇變成了一種全方位的事件，受到不同社會經驗中的千絲萬縷壓力所影響。

奧斯汀筆下的女主角很多都保持精神和思想上的獨立性，但沒有職業抱負，然而艾略特書中的多蘿西婭則有正規的職業志向：以漸進式的計畫，監督洛伊克莊園的開發，建立我們現在所謂的社會住宅。「我有很棒的計畫，」她告訴妹妹，「我打算買一大塊土地，把水排掉，建立一個小小的聚居區。在那裡，每個人都得工

❶ 本卷標題 The Dead Hand 既指「不能轉讓的產業」，也指女主角的亡夫對她設下的阻礙，有雙層含義。

作，而且要把所有工作都做好。我要認識每一個人，並成為他們的朋友。」[1] 多蘿西婭對洛伊克莊園的抱負源於當時新的思想潮流，這些潮流在一八二〇和一八三〇年代擴大了人們的政治見解，特別是由出生於英國威爾什的社會改革者羅伯特·歐文（Robert Owen）所發起的「勞動公社」運動。在十九世紀初，當奧斯汀的人物談到「改善」莊園時，提出的改變幾乎都是藉由採用現代農業技術，來提高莊園的經濟效益。過了一個世代之後，多蘿西婭決心改善她莊園佃農的生活。

多蘿西婭雇用了當地房地產管理人凱萊布·高思（Caleb Garth），來協助她執行洛伊克莊園的改善計畫。在這本小說中，高思也許是最高尚的角色，他正從失敗的經驗中站起來，成為我們現在所謂的房地產開發商，建造和出租自己的房子。當我們第一次在書中看到他的時候，他是土地測量師，勉強度日，受到鎮上曾經和他同樣富裕的家庭所輕視。管理洛伊克莊園提供了高思重要的機會，讓他可以重新獲得良好的經濟基礎。不過，多蘿西婭之所以需要高思的幫忙，除了「勞動公社」運動的思潮之外，還有其他歷史淵源。比方說，在那十年間最驚人的技術發展也把這兩人聯繫起來：

由於他們之間這種良好的默契，很自然的，多蘿西婭要求高思先生負責這三個農場和洛伊克莊園名下眾多房產相關的業務。的確，他想擔起兩個人的工作，這個願望很快就實現了。正如他所說：「事業版圖會擴展。」那時開始擴展版圖的事業就是鐵路建設。有一條鐵路線預計要通過洛伊克教區，牛群原本在那裡平靜地吃草，不會受到任何驚嚇。現在，鐵路系統的初期鬥爭突然闖入了凱萊布·高思的工作中，並透過兩名他心愛的人，影響了故事的發展。[2]

由於多蘿西婭對威爾·拉迪斯拉夫的愛慕，那個改革的時代也影響到多蘿西婭的決定。她的叔叔布魯克先生買下了當地的一家報社，以傳播他那有點雜亂無章的改革理想，而拉迪斯拉夫後來就在該報社工作。這時多蘿西婭開始意識到自己對進步主義政治的才華和熱情，她與拉迪斯拉夫不僅成為知識上的盟友，同時也是情人的關係。但因為卡蘇朋的政治立場是保守派，如果多蘿西婭嫁給拉迪斯拉夫，等於除了潛在的背叛之外，又罪加一筆。這部分的情況說明了困難的選擇會如此具有挑戰性的另一個原因：即使多蘿西婭把她的政治價值觀置於所有其他相互衝突的因素上，這還是個令人困惑的決定。如果她與拉迪斯拉夫私奔，她可以支持**他的**政治抱負，但就會失去自己改革洛伊克莊園的機會，無法實現自身抱負。到底哪條路最後會帶給這個世界更多她希望看到的社會改革呢？要計算這兩種情況之間的利弊得失不容易。

在《米德鎮的春天》中，所有高尚改革、經濟鬥爭，以及充滿激情和友情的時刻背後，總伴隨著鎮上無情的閒言碎語，而這些閒言碎語也以微妙的方式影響了主要人物的決定。正如利德蓋特在新牧師的投票中，擔心自己看起來像是在偏袒布爾斯特羅德。儘管多蘿西婭和拉迪斯拉夫有著柏拉圖式的關係，但是他們若結婚，實際上就向米德鎮的居民承認，亡夫卡蘇朋的懷疑一直都是正確的。

在本質上，多蘿西婭的選擇是簡單的二選一問題：她應該嫁給拉迪斯拉夫嗎？但是艾略特讓我們看到圍繞該決定的影響和後果，有如交織得密密麻麻的網。該小說的全方位決策地圖，應該如下圖表所示：

內心（在情感和肉體上受到拉迪斯拉夫的吸引；思想獨立。）

←**家庭**（可能會生兒育女；對父親和妹妹的影響。）

←**事業**（「改善」洛伊克莊園。）

←**社區**（閒言閒語；對洛伊克莊園窮人的影響。）

←**經濟**（放棄卡蘇朋的遺產。）

←

技術

（鐵路；農業新技術。）

←

歷史

（改革運動；拉迪斯拉夫的政治生涯。）

在《米德鎮的春天》中，每個不同層面在故事中都發揮決定性的作用。這部小說穿插著偉大的愛情故事，像是弗雷德・文西（Fred Vincy）和瑪麗・高思（Mary Garth）、多蘿西婭和威爾・拉迪斯拉夫這兩對戀人，但那些浪漫關係只是故事的一部分。這些情感關係與科學革命發生在同個時期，而科學革命更是推動了利德蓋特的研究、鐵路的興起，以及一八三二年漫長又艱難的政治改革。[2]把《米德鎮的春天》與珍・奧斯汀或勃朗特三姊妹等作家的早期經典作品相比，之間的差異幾乎是顯而易見的。當然，在《傲慢與偏見》或《簡愛》中，情感和家庭領域的敘事都相當充分。儘管沒有像艾略特散文中的鋪陳渲染特色，但這些作品仍然可以讓我們一窺主要人物豐富的內心世界。（我們會看到其他作家作品中的角色做出選擇，但沒有像我們在《米德鎮的春天》中那樣，在很多時候看到用十頁的篇幅來描寫主角的內心思索。）此外，在其他作品裡，影響決定的力量，僅限於上述圖表的前半部分：兩個戀人之間的情感關係，以及他們直系親屬和少數鄰居的贊同與否。儘管從現代批判的角度來看，我們可以在那些作品中發現更大的歷史力量，架構出敘事中的事件框架（例如，奧斯汀時期工業化農業的「改革」、《簡愛》裡英國殖民主義的真實創傷），但是無論是書中角色在審慎思考，或作者本人在寫作觀察時，這些因素都沒有發揮明顯的作用。雖然珍・奧斯汀的敘事精彩而有趣，但它們的情節背景是客廳，或是交誼舞會，這些故事的敘事規模僅如此而已，可是《米德鎮的春天》絕不會讓讀者（或小說人物）過分舒適地安於這些客廳的對話，因為窗戶外總

❷《一八三二年改革法案》旨在放寬英國下議院選民基礎，並加入了中產階級的勢力，是英國議會史的一次重大改革。

有更大、更熱鬧的世界。[3]

文豪的人生選擇考驗

眾所皆知的羞辱和醜聞帶來的重擔，影響了多蘿西婭的決定，這直接是源自於作者艾略特自己的經歷。在她決定撰寫《米德鎮的春天》之前，她親身經歷了二十多年的掙扎。一八五一年十月，艾略特當時還是使用她的真名——瑪麗・安妮・艾凡斯，她在皮卡地利廣場（Piccadilly Circus）附近的一家書店與作家喬治・亨利・路易斯（G. H. Lewes）相遇，這次的邂逅引發了十九世紀非常偉大的情感和創作上的合作，儘管也是離經叛道。兩人的關係在一開始就面臨一些艱巨的障礙。路易斯本人處於複雜的開放式婚姻中，而他與艾凡斯最初對彼此也無好感。在相遇後不久，艾凡斯在一封信中嘲弄了路易斯的外貌。（根據一名艾略特傳記作者的紀錄，路易斯「是出了名的醜，一頭稀疏的淡棕色頭髮，留著雜亂的鬍子，皮膚坑坑巴巴，嘴唇又紅又濕，個子小，頭又顯得太大。」）[4]但是漸漸的，兩位知識分子之間建立了深厚的感情。[5]在第一次見面的兩年後，艾凡斯給朋友寫信說：「路易斯贏得了我的芳心，讓我情不自禁。」路易斯後來回顧他們的戀情，在一八五九年的一篇日記中寫道：「認識她就愛上她了，從那以後就開啟了我人生的新篇章。」[6]到一八五三年夏天，艾凡斯在英格蘭南部海濱度假勝地聖雷歐納茲（St. Leonards）待了六週，路易斯在她度假的時候去找了她。在那次逗留期間的某個時候，兩人開始考慮一項重大決定，這項決定最終震驚了倫敦社會，並奠定了許多人認為是史上最好的英文小說的基礎。他們開始討論像是夫妻一樣生活在一起，雖然兩人從未正式地結為夫妻。

乍看之下，這是一個不可能的選擇。由於維多利亞時代特殊的風俗習慣，其中可容忍和禁忌之事間的界線被極其扭曲，男人在性和戀情上享有異常的自由，但卻嚴格限制了女人的選擇自由。除了在最極端的情況下，否則離婚是不合法的。如果艾凡斯想成為路易斯的人生伴侶，她就必須放棄她豐富、前途似錦的生活，如：她在倫敦知識分子圈建立的關係，以及她身為作家和翻譯家的大好事業。她花了近十年的時間鞏固了自己身為英國最傑出女性的聲譽。現在，為了要與她所愛的男人住在一起，她必須放棄一切，並成為維多利亞時代最令人厭惡的女人形象：墮落的女人。

一八五三年夏天，艾凡斯在海邊考慮她的選擇時，她想必是覺得自己處在一條十字路口，兩條路都不可避免地通往黯淡的目的地。她若不是放棄了一生的摯愛，就是放棄了自己一生所熱愛的其他事物。她可以放棄與路易斯住在一起的想法，也可以放棄自己倫敦知識分子的地位，然後與家人和朋友斷絕往來，並消失在隱藏的恥辱中，成為墮落的女人。

但最終，艾凡斯的選擇像大多數重要的決定一樣，被證明不是二選一的問題，畢竟這不是一條叉路。儘管他們大概花了一年的時間才辨別出來，但最終艾凡斯和路易斯還是設法找出另一條道路，走出了他們的困境。經過六個月的歐洲大陸之旅，因為德國和法國的知識分子道德標準比較不那麼嚴格，所以他們嘗試了同居，然後回到倫敦，構思出全新的解決方案，解決了如何共同生活的問題。路易斯與妻子達成協議，她允許路易斯與艾凡斯同居。艾凡斯則採用了路易斯的姓氏，並要求朋友在所有通信中都使用路易斯的姓來稱呼她。（兩人同姓讓他們擺脫了女房東的懷疑。）久而久之，艾凡斯與路易斯的孩子們建立了濃厚而真誠的親子關係。隨著她的文學抱負轉向小說，她開始以「喬治．艾略特」的筆名出版作品，這使她的公開作品避開了她與路易斯婚外情的醜聞。

最後，他們幾乎像夫妻一樣生活了將近二十五年，直到路易斯於一八七八年去世。當然，他們的行為引起了爭議和反對。艾略特與路易斯的伴侶關係讓她和家族之間的關係陷入緊張，從未修復。她寫信給姊姊，但她姊姊切斷了與艾略特的所有聯繫，所以艾略特在信中說：「我相信妳對我存有足夠的情誼和姊妹之情，妳應該高興我有一位善良的丈夫來愛我，並照顧我。」[7]在他們倫敦進步主義分子的圈子中，許多盟友擔心，他們公開的不倫戀情會損害大家共同的政治事業。但是紛擾漸漸地平靜下來，這對戀人過著非典型的一般家庭生活。在這種關係的支持下，艾略特踏上了現代歷史上最偉大的藝術創作之旅。她在一八五七年這段創作之旅開始的時候寫道：「在過去的一年裡，我的生活變得難以言喻的豐富。」[8]「我感到自己比以往記憶中的任何時期，都更能享受在道德和智慧方面的快樂，也對自己過去的不足之處有了更深刻的領會。而對於即將到來的職責，我也更慎重地希望自己能忠實履行。」

文學的啟示與決策兩大關鍵

瑪麗．安妮．艾凡斯和她小說的人物多蘿西婭．布魯克都面臨著涉及多個層面的決定。當然，艾凡斯的選擇源於她對路易斯的情感和性愛，但是選擇的最終結果還涉及許多其他方面，包含：艾凡斯身為作家和思想家的職業抱負；她剛起步的女權主義政治思想，以及在這個幾乎完全由男人統治的世界中，開創出她知識分子的生涯；成為整個倫敦的客廳和咖啡館裡，茶餘飯後的八卦對象及可能帶來的羞辱；如此不光彩的選擇無疑會破壞她的家庭關係；甚至世俗的財務狀況也影響了這個決定。艾凡斯和路易斯都靠著寫作維生，如果他們選擇在罪惡中度過餘生，他們的生計也會受到嚴重影響，而艾凡斯受到的影響最為嚴重。

從全方位的角度來看，多蘿西婭的決定至少明確涉及了五個不同的層面。當然，這是一個情感選擇，決定是否要嫁給她愛的男人。這也是一個道德選擇，要履行對亡夫的義務，儘管他的遺囑顯示，他多麼不信任多蘿西婭。就像十九世紀小說中幾乎所有的婚姻情節一樣，這也是攸關遺產的財務選擇，會嚴重影響多蘿西婭的經濟地位。然而，多蘿西婭改善莊園的夢想又端繫於她的經濟條件，因此這也是攸關政治的選擇，深受當時興起的新知識思想所影響。但這個選擇極可能讓她受到所在社區的羞辱和流放，因為這裡是個小鎮，有種種令人洩氣的複雜情況。

讓事情變得更複雜的是，這個決定勢必引發一連串的未來事件，而這些事件將影響多蘿西婭和拉迪斯拉夫以外許多人的生活。你可以根據他們所影響人數的相對數量，來衡量不同的層面。在情感層面上，涉及了兩個戀人及其家族，可能有數百個人會對他們指指點點。而發起政治運動和改革思想及受到影響者則為數千人。另外，放棄洛伊克莊園可能會危及房地產管理者凱萊布．高思日益成長的事業，從而威脅到弗雷德和瑪麗之間萌芽的戀情，並肯定會影響到洛伊克莊園農民和貧窮勞動階級的生活條件。但是，也許透過支持拉迪斯拉夫身為男人的職業生涯，多蘿西婭可以在世界上做更多的善事，因為男人掌控著政治對話，不過這更有可能變成壞事。由於很難預測決策的下游影響，因此無法將選擇縮小為簡單的利弊清單。多蘿西婭成為拉迪斯拉夫的妻子，最終能否帶給她情感上的滿足（也可能是性方面的滿足，當然艾略特在這方面的描述通常是很克制的），是否足以彌補她放棄社區認同和對洛伊克莊園的社會抱負？她放棄自己的計畫，波及到洛伊克莊園佃農，而拉迪斯拉夫在政治領域的努力，最終是否會彌補對洛伊克莊園佃農可能造成的損害？

頗具諷刺意味的是，對於許多《米德鎮的春天》的讀者來說，多蘿西婭最終做出的選擇被認為是整本書中最缺乏創意的情節。因為最後，她與拉迪斯拉夫私奔，放棄了她在洛伊克莊園的社會計畫，並當他的妻子和兩個孩子的母親，支持他的政治生涯。艾略特在小說的結尾留下了一段名言，捍衛多蘿西婭放棄了胸懷大志的選擇：「但是，她對周圍人擴及的影響，難以估量，因為世界上不斷增加的善事，一部分也取決於非留名青史的行為。而你我過得不至於太悲慘，其中一半歸功於有些人樸實、隱密地生活著，並安息在無人紀念的墳墓裡。」在這部充滿創作新意的小說中，人物如此明顯地突破了傳統女主角的界線。然而，多蘿西婭的選擇引起了許多評論家的批評，因為結果比人們期望的更為傳統，當然也比瑪麗・安妮・艾凡斯本人的選擇更為傳統，畢竟她與路易斯構思出完全獨特的婚姻定義。在現實生活中，小說家比她的想像人物更具想像力。

但是，艾略特透過多蘿西婭這樣人物的「隱密生活」，描繪出如此豐富的複雜情形，才使得這部小說如此重要。儘管你的生活可能不如達爾文或艾略特那樣轟轟烈烈或是影響深遠，但這不代表你在生活中所面臨的決定不是全方位的。這在一定程度上是寫實主義小說帶給人類的啟示：如果你用足夠的洞察力去看待平凡的生活，平凡的生活也是迷人的。無可否認，多蘿西婭的人生即使在最後做出了更為傳統的選擇，她的人生也一點都不平凡。想想利德蓋特，以及他在更換牧師問題上所面臨的千絲萬縷的壓力。我們每個人都可能是利德蓋特，在生活中面臨各種難題，要掙扎地決定是否替孩子轉學，或者要不要接受到另一個城市的新工作。

回想一下《米德鎮的春天》一段非比尋常的段落，多蘿西婭發現了卡蘇朋遺囑中令人震驚的事實，艾略特寫道：「她的世界被弄得翻天覆地，她唯一能明確告訴自己的是，她必須等待，重新思考。」在做出重大決策時，無論我們採用哪種方法，很明顯的，有兩件必做的事：等待，然後重新思考。我們可以對線性價值模型進行數學運算，或者在腦海中建立情境，或者繪製影響路徑圖，或者舉行私人專家會議。但是，無論哪種方法最有效，有鑑於我們所面臨的特殊情況，以及人類獨特的思維習慣和才能，我們總是能從「時間」和「全新的視角」這兩件事中受益。

閱讀、同理心與心智理論

像《米德鎮的春天》這樣的小說，不是純粹的道德劇，它沒有提供我們做出複雜人生決策的簡單方法。做出複雜決策的訣竅，並不在於一套不變的規則，畢竟照理說，每個複雜決策都是獨一無二的。我們在前幾章所探討的技巧，最終都涉及一些策略，這些策略能讓我們更清晰地理解決策地圖，體認決策地圖的獨特特質，並且不會陷入熟悉的思維習慣或先入為主的模式中。偉大的小說，或至少沒有在道德上說教的小說，給我們的啟發基本上與戰爭遊戲或系集預報的模擬類似：它們讓我們體驗平行的生活，並以生動的細節，讓我們看到這些經驗的複雜性；它們讓我們看到了選擇的複雜性；它們籌劃出千絲萬縷的壓力。當選擇波及家庭、社區和整個社會時，小說的內容繪製出選擇影響的路徑；它們提供我們練習的機會，而不是預先準備好的指令。

在幫助我們應對複雜決策的工具和策略中，有許多都與講故事相關，這並非偶然。無論是多次的經驗模擬，還是想像其他的現實狀況等都是古老的做法，與神話和民俗故事一樣年代久遠。演化心理學家約翰·托比（John Tooby）和勒達·科斯米德斯（Leda Cosmides）有論據證實，我們對虛構敘事的渴望，不僅是文化發明的結果，還深深根源於人類大腦的演化史。回應瑪麗·安妮·艾凡斯在青少年時期抱怨小說中膚淺的逃避主義（「那麼，我還有時間花在那些不存在的事物上嗎？」），托比和科斯米德斯首先提出一個問題：人們為什麼願意花這麼多的時間（和金錢），來探索照理說**不真實**的事件和體驗？

生物體應該有獲取準確資訊的渴望，而在決定要吸收資訊，還是要忽略資訊時，能區別真假資訊理應相當重要。然而，這種「渴望準確資訊」的模式竟然無法預測人類大部分的獲取資訊情況。當人們可選擇的時候，大多數人更喜歡讀小說而非教科書，更喜歡描寫虛構事件的電影而非紀錄片。也就是說，他們對明確標明為虛假的訊息，仍然非常感興趣。這種現象太普遍了，以至於從根本上掩蓋了其怪異的情況。9

人們為什麼會浪費這麼多的認知週期來思考那些明顯是錯誤的訊息？答案的一部分是，人類的智力實際上取決於不同程度的真偽假設。這兩個領域並不是非黑即白，兩者間的差異相當模糊。即使不涉及後現代的真理觀及社會建構理論，在日常生活中，人的大腦也會在範圍廣的漸變真理上來回移動。托比和科斯米德斯描述了其中一些情形：「可能是真實的、在那裡是真實的、曾經是真實的、其他人相信是真實的、只有我那樣做才是真實的、在這裡不是真實的、他們想要我相信的是真實的、未來某一天會是真實的、肯定不是真實的、他告訴我的是真實的、根據這些說詞似乎是真實的等等。」然而，能夠在不同的真實區域之間轉換，並不是虛無主義的跡象。相反的，這象徵著具備洞察力和想像力的頭腦。

故事會運用和演練這種機能，在不同的真理框架當中不停轉換，部分原因是它們本身在真實和虛假地圖上占據著複雜的位置，部分原因是故事經常讓我們觀察其他虛構的生命體如何應對不同的人生難題。當卡蘇朋在遺囑中添加那條毫不留情的條款時，他的大腦在「可能有一天是真實的」領域運作。當多蘿西婭擔心她與拉迪斯拉夫結婚，鎮上會有八卦的反應時，她的大腦正在探索「其他人相信是真實的」框架。

故事的功能與現代氣象學的系集預報有幾分相似。當路易斯．弗萊．理察森首次提出「數值天氣預報」時，這種方法受到了前數位時代計算能力的瓶頸限制，因為天氣本身的變化速度比任何預測天氣的「計算過程」快得多。然而，一旦電腦運算速度快到可以對同一預報進行數百或數千次修正，演算出所有情況，並在結果中尋找模式，就能大幅提高天氣預報的準確度。另一方面，虛構的敘事也發揮了類似的推動作用，透過互相講故事，我們可以從個人生活的瓶頸中解放出來。就像托比和科斯米德斯所說的，故事意味著我們「不再受限於緩慢而不可靠的實際經驗流」。相反的，我們可以沉浸於相對快速的經驗流中，這樣的經驗流是間接感受、經過精心策畫、想像或虛構的。比方說，依靠狩獵和採集生活的社會可能包含數十年，甚至數百年的寶貴生活經驗，如果可以跟古人交流的話，我們就可以利用他們的匯總經驗……隨著小說釋放我們對潛在生活和現實的反應，我們對自己實際上並沒有經歷過的事情，有了更豐富和更適應的感受。這不僅使我們可以更理解他人的選擇和內心生活，而且能摸索出自己的方式，讓自己做出更好的選擇。」從某種意義上來講，你可以把對虛構敘事的渴望視為「對經驗持開放態度」的延伸，這項特質在菲利普·泰特洛克的成功預測者實驗中非常突出。小說和傳記歷史使我們能夠打開通往他人經驗的知覺之門，間接地生活在他們獨特的生存挑戰中，並在他們掙扎於自己的困難選擇時，觀察他們的內心世界。

在大多數重要的個人決策中，這種投射他人「內心生活」的能力當然是重要的條件。當路易斯和艾凡斯考慮過一種逾越維多利亞時代道德底線的生活時，他們很大一部分是在想像其他人會有的反應，包含：緊密的朋友、家人和同行，以及他們旅居時與當地社會環境的較疏離關係。若他們要評估自身行為的潛在後果，就需要把自己投身於這些人的思想、情感和道德規範中。比方說，艾凡斯的家人是否會拒絕她，還是平靜接受她與路易斯的「另類」生活方式？倫敦好議論的階層會不會認為這種關係太過驚世駭俗，迫使這對戀人得搬到其他地方，或者大家很快會轉移八卦焦點，使艾凡斯和路易斯過著相對平靜的生活？

心理學家和認知科學家把這種想像他人心理狀態的能力稱為「心智理論」（theory of mind）。在想像別人心理的能力上，每個人的差異很大。在自閉症譜系中，自閉症患者和亞斯伯格症患者通常很難去想像他人的心理，因為他們的大腦不太會憑直覺去推測其他人的想法。但是，我們大部分人可以快速地進行這些心理模擬，甚至我們都沒有注意到自己正在這樣做。我們注意到，正在與我們說話的主管眉毛微微地上揚，我們自動心理模擬著她可能在想的事情，並想著：她是否在質疑我提出的觀點？她聽不懂我講的話嗎？

當然，對於困難的選擇，這種迅速的心理模擬必須離開直覺的範疇，變得更加深思熟慮。就像我們考慮搬到新的社區時，除了必須模擬新社區的房地產市場狀況，還必須模擬搬家的舉動對周圍人的情感反應。比方說，小孩在新學校能很快認識朋友嗎？還是頭幾個月，在身旁沒有人際網絡的情況下，他們會過得很辛苦？或者，上班通勤時間更長會讓你的伴侶感到沮喪嗎？由於困難的選擇涉及的因素太多，在模擬他人的心理時，幾乎沒有通用的規則可言。我們就像指紋，人人不同。

但是，**可以通用**且重要的是建立這些心理模擬，並花時間去仔細考慮受當前決策影響的個人主觀反應。

在我思考是否搬到加州的幾個月裡，我實際上撰寫了一則個人故事，講述搬到西岸會如何使我們的家庭更快樂、更團結，讓孩子與大自然的聯繫更加緊密，並迫使我們建構一幅完全不同、關於「家」的心理圖。但老實說，我從來沒有費心去寫一個**不同版本的**故事。就在我們買下最終搬進去的房子之前，我帶著父親去看房子，那是一棟奇特、童話故事般的山上小屋，還有一個小花園可以俯瞰海灣。我相信他一定會像我一樣喜歡這棟房子，但是他的擔心超過欣喜。後來，他打電話給我，試圖說服我不要購買那棟房子，「艾莉克絲在那座山上會變得非常孤單。」他預言了我太太未來對加州生活的反應。但是我沒去多想，只是認為這是父親面對孩子生活中任何重大變化的一貫擔憂。

我們都在制定情境規劃，但是我父親也在做其他事情：他在進行事前驗屍。他從我太太的角度，來看這個決定可能會發生的敏感反應。藉由解讀另一個人的想法，並想像某種理論層面的事件可能會給人的感受，這種同理心技巧幾乎是做複雜決策中最重要的美德之一。如果重點是要計算「最大多數人的最大幸福」，那麼還有什麼技巧比預測別人心中是否幸福更重要呢？有人可能會認為，碰到大規模群體決策時，同理心這項特質就沒有那麼重要了，因為把一千或一百萬人的心理狀態壓縮成更小規模的「平均」心態，並不一定有用。但是，對於個人決定（例如我們搬到加州），同理心可以讓你更快地進行預測分析，前提是你真正了解所要預測的對象。畢竟，在大多數情況下，同理心都建立在與我們實際接觸到的人的細微關係上。

這就是閱讀小說可以提高我們決策能力的另一個原因。幾年前，新學院（The New School）的兩位科學家在學術期刊《科學》（*Science*）上發表了一項研究，該研究迅速在社交媒體上造成轟動，特別引起人文學科畢業生的注目。該研究把各種閱讀材料，包含大眾小說、文學小說和非虛構作品，分配給一組受試者，然後評估閱讀是否提高了他們的「心智理論」技能。研究發現，受試者閱讀過大眾小說或非虛構作品後，其「心智理論」能力沒有發生變化，但是即使閱讀過少量的文學小說，也會發現受試者的「心智理論」能力，在統計學上出現明顯的進步。儘管後續的實驗未能複製這種效果，但許多研究證實，持續閱讀文學小說的習慣與「心智理論」的提升密切相關。理解他人的人是否會被文學小說所吸引，或是閱讀的行為是否真正提高了他們建立這些心理模擬的能力，我們不得而知。最有可能的情況是，兩者互有相關。但是，無論因果關係如何，很明顯的，閱讀文學小說特有的經驗之一，就是沉浸在另一種主體性之中。儘管電影和攝影可以用更逼真的視覺效果帶你到不同的世界；音樂可以使我們的身體雀躍和激發我們的情感，但是，在投射他人的內心世界方面，沒有任何其他形式的作品可以與小說相媲美。

艾略特把這種投射當作是一種道德要件，她在《米德鎮的春天》中曾寫道：「從內心深處理解他人是一種根深蒂固的習慣，如果不受該習慣的制約，一般的學說都可能吞噬我們的道德。」正如作家蕾貝卡．米德（Rebecca Mead）所說：「她的信念可能是這樣的：如果我真的很在乎你，如果我試圖站在你的立場和觀念，那麼我的世界就會因為我努力去體認和領悟而變得更好。」[10]小說有如同理心的製造機，按照艾略特的道德觀，這種心理投射行為應該會加強人與人之間的關係，同時這種能力也使我們成為更好的決策者。我們可以想像各種半真半假的情況和假設：

如果發生這種情況，她會怎麼想、他是怎麼想我的感受的，而閱讀文學小說可以訓練頭腦進行這類分析。你無法像氣象學家那樣，對自己的人生進行一千次平行模擬，但是你可以在一生中閱讀一千本小說。的確，這些小說中的故事並沒有直接反映我們的人生故事。我們大部分人永遠都不用在亡夫的遺產和立場激進的情人之間，為婚姻幸福做出選擇。但是，閱讀這類文學小說，不是要為自己的困難選擇獲取現成的公式。如果你正考慮要搬到郊區，那麼《米德鎮的春天》不會告訴你該怎麼做。無論是小說、認知科學研究，還是大眾心理學著作，任何形式的外部建議都無法告訴你，在那種情況下該怎麼做，因為照理說，每種情況都有自己獨特的千絲萬縷的壓力。然而，小說以及我們已經探索過的一些籌劃和模擬技巧所**確實**教你的是，用艾略特所說的「敏銳的視覺和知覺」[11]來看待情況，並使你不至於「在生活中也是反應遲鈍的。」小說不會給你答案，但確實會使你更能釐清頭緒。

「計畫人」的關鍵智慧

如果你有興趣探索決策的全方位複雜性，從參與者的內心世界，一直到八卦或技術變革領域，沒有其他藝術形式可與《米德鎮的春天》這樣的小說相提並論。（非虛構傳記和歷史是唯一可以匹敵的作品。）小說捕捉到困難選擇所涉及的所有經驗層面；從客廳到小鎮廣場，帶著我們跟循不同人心裡千絲萬縷的壓力；從決策者的內心世界，走向更廣闊的世代變遷等等。當然，我們閱讀小說的原因眾多，這些只是其中幾個，不過這也是小說最擅長的地方。

在某種意義上，你可以把小說看成是一種技術。像大部分技術一樣，它建立在人類現有技能的基礎上，並增強了人類擁有的技能。小說以及其他長篇藝術作品，例如電影或電視連續劇，是大腦預設網路本能說故事的強化版。小說對於大腦預設網路的白日夢，就像哈伯望遠鏡對於我們的視覺系統一樣，都是讓我們看得更深、更遠的工具。在數百萬年的演化過程中，我們的大腦發展成偏愛馳騁於想像的未來、預測旁人的情緒反應、勾勒潛在後果的系統，而這些都是為了在當下做出更好的決定。這種善於猜測不真實的本領，也就是虛構出如果你選擇這條路而不是那條路，結果會如何的故事，讓我們擁有了「計畫人」的智慧。久而久之，我們發展出能進行更精巧模擬的文化形式：首先是透過口述傳承的神話和傳說，然後是小說的全方位敘事，使我們能遵循虛構人物的路徑，看著他們苦思生活中重大的決定。比起其他任何創作形式，小說給了我們機會，可以先模擬和演練人生困難抉擇，然後再自己真正做出選擇。小說為我們提供了無與倫比的全面前景，使我們可以在小說人物苦思複雜多層面的選擇時，一窺他們的內心世界，即使小說中的選擇也是虛構的，仍對我們有益處。正如天氣預報的系集模擬也是虛構的：在某些情況下，颱風向左轉，避開了陸地；在其他情況下，它則挾帶毀滅性的力量，襲擊沿海城市。但我們可以據此更好地預測颱風真正會走的路徑，因而來做防備，因為做出這些系集預報的電腦的預測能力極高，可以在幾分鐘之內就串聯起成千種不同敘事。小說給了我們一種不同的模擬，模擬的不是長期的氣候變遷，也不是短期的熱帶風暴，而是更切身的東西：正在改變周圍世界，同時也被周圍世界改變的人生道路。

結語 磨練跨領域的決策技巧

我人生前二十五年的大部分時間都是在學校度過的。然而，在那段期間，我不記得課程大綱上出現過決策制定。我的老師教我文法、化學、代數、歐洲史、後現代文學理論、電影研究等，卻沒有老師站在講台上，解釋如何做出有遠見的選擇，**一次也沒有**。我不是那種會抱怨在學校學到的東西瑣碎無用的人，畢竟我的工作是在不同學科的模糊地帶中，尋找出意義所在。但是，我希望至少有一部分的課堂時間是拿來教決策這門技術。

的確，我們做決定背後的大腦科學和哲學含義，經常出現在認知科學或心理學入門的課程大綱中，或出現在功利主義者的選修課上。而商學院也經常會針對該主題開設整門課程，其中大多數課程專注於行政或高階管理決策。但是，即使在最先進的高中，你也很難找到一門針對這個主題的必修課程。然而，還有其他技能比做出困難選擇的能力更重要的嗎？我可以想到其他更重要的技能很少，除了創造力、同理心和適應力。但是，做出複雜決策的能力肯定要排在清單的前頭。當我們使用「智慧」之類的字眼時，決策力就是我們所指的重點。那麼，為什麼它不是我們學校的主要課程呢？

對於決策科學或決策理論領域，或者不管你想給它叫什麼名字，好處是它像是智識領域的變色龍，無論在深奧還是實用領域都適用。此外，也有大量的哲學文獻和愈來愈多的神經科學研究都在探討這個問題。但對於每個人來說，這也是一個直接實用的問題。有誰不想做出更好的選擇？

導入決策制定的課程，從教學的角度上也是有道理的。圍繞遠見決策所設計出的課程，實際上可能會激發人們對其他領域的興趣，因為這些領域被隔離在傳統的學科孤島時，有時顯得枯燥無味。例如，在大二生物學調查的神經學單元中，大腦預設網路可能會出現在教科書上補充說明的文字區塊。在這種背景脈絡下，大腦預設網路只是要背誦的另一組事實，老師說：「今天，談到大腦預設網路；明天，我們要介紹神經遞質；下週，我們要講大腦杏仁核。」但是，在明確旨在教人做出更好決策的課程中，談到大腦預設網路，突然間就把白日夢當作一種認知豐富的活動，賦予整個觀點新的意義。你不必成為腦外科醫生，也能發現認識這種奇怪的超能力是很**有用**的，而以前這種超能力只能透過特殊的正子斷層造影才能顯現。

這樣的課程大綱會包含哪些領域？當然，這會涉及歷史、道德哲學、行為經濟學、機率、神經學、電腦科學和文學的研究。這課程本身會是一個案例研究，展示多元觀點的力量。但是，除了包含跨領域的研究之外，學生還會學到一系列可以應用於自己生活和事業的技巧，像是：如何建立複雜決策的全方位地圖；如何設計情境規劃和事前驗屍；如何建立價值模型和壞事件表格。學生會了解到，在不同團體之間分享隱藏檔案很重要，以及衡量不確定性的價值；他們會學著去尋找未被發現的選擇，並避免評估狹隘的傾向；他們會學習理解旁人的重要性，以及閱讀偉大的文學作品，有助於增強這方面的能力。毫無疑問，在高中和大學人文課程中，更不用說商學院了，有上千門選修課涉獵到其中一些主題。但是為什麼不把這些重點納入核心的課程呢？

把決策力帶入課堂的另一個理由是，它在科學與人文之間架起了一座寶貴的橋梁。當你處在超級智慧機器的前景和危險性的背景下，這時你閱讀哲學會立即發現，邏輯和倫理等看似抽象的觀念，能對未來的科技世界產生實際的影響。當你閱讀文學作品，來練習提升遠見決策力時，你會領略到小說所映照出的、源於隨機對照研究和系集預測的科學洞見，及人文與科學共同仰賴的模擬力量，能擴展我們的觀點、挑戰我們的假設，並提出新的可能性。這不是把人文「簡化」為科學數據，畢竟對於最切身的決定，小說賦予我們的智慧，是科學從根本上無法提供的。當我和我太太在考慮搬到加州時，我們無法進行對照實驗，把數十對與我們相似的夫婦送到西岸，然後等待數年，計算他們未來的幸福感數據。你不可能對自己的人生進行系集模擬，所以講故事就成為我們的替代方式。

當然，反之亦然。科學為我們提供了小說無法提供的洞見。當文學大師喬伊斯、意識流作家福克納和英國作家吳爾芙發明了意識流這種文學手法時，他們幫助我們感受到奇特的心思飄盪習慣。拜正子斷層造影和功能性磁振造影所賜，其顯示出的大腦預設網路，讓我們第一次看到了這種認知的強大威力。而行為心理學、模擬陪審團和認知神經科學也都幫助我們更清楚地認識到，遠見決策所帶來的挑戰，特別是在小規模的群體決策上。而小說恰巧發出了一道不同的曙光。當文學和科學兩道光都亮著時，我們可以看得更遠。

致謝

很巧的是，如同本書的主題，我是醞釀了很長的時間才完成本書的。大約十年前，我開始紀錄有關複雜決策這個主題，從最初的提案，到初稿完成，我花了整整五年的時間。因此，我比以往更加感謝我的出版商、編輯和經紀人，他們分別是傑佛瑞．克羅斯克（Geoffrey Kloske）、寇特妮．楊（Courtney Young）和莉迪亞．威爾斯（Lydia Wills），感謝他們在那段漫長的時間裡，對這個出書計畫充滿信心，並在我有疑慮時，鼓勵我這本書很重要。特別感謝寇特妮出色的編輯指導，她在我的論點應該被挑戰的地方提出挑戰，指出新的探索途徑，巧妙地提醒我這是一本關於決策的書，而不是在講喬治．艾略特後期作品的文學專題書籍。一如往常，我很幸運能成為河源出版社（Riverhead Books）大家庭的一員。感謝凱文・墨菲（Kevin Murphy）、凱蒂・費里曼（Katie Freeman）、莉迪亞・赫特（Lydia Hurt）、潔西卡・懷特（Jessica White）和凱特・史塔克（Kate Stark）的幫助，感謝你們讓本書得以問世。

在過去十年來與朋友和專家的多次談話，也極大幅地改進了這本書。感謝艾瑞克・利夫丁（Eric Liftin）、魯夫斯・葛利斯康（Rufus Griscom）、馬克・貝利（Mark Bailey）、丹尼斯・卡盧梭（Denise Caruso）、道格拉斯・瓦科奇、凱瑟琳・丹寧、貝西・史密特（Betsey Schmidt）、大衛・布林、法蘭克・德雷克、保羅・霍肯、史考特・克萊姆（Scott Klemmer）、彼得・來登（Peter Leyden）和肯・古德柏（Ken Goldberg）。感謝我在今日永存基金會的老朋友，尤其是史都華・布蘭德、凱文・凱利、亞歷山大・羅斯（Alexander Rose）、彼得・施瓦茲和布萊恩・伊諾（Brian Eno），你們從這個出書計畫一開始就給我靈感。特別感謝亞歷山大把我引薦給ＭＥＴＩ計畫，還把我介紹給《紐約時報雜誌》（*New York Times Magazine*）的編輯比爾・瓦西克（Bill Wasik）和傑克・希爾維斯坦（Jake

Silvertstein），讓我在他們雜誌上長篇探討「向外星高智生物傳達訊息」這個規模浩大的決定。感謝韋斯・內夫（Wes Neff）和財經類演講機構李事務局（Leigh Bureau）的團隊，你們多年來向我介紹了這麼多有趣的人士和產業，我也把其中的一些人寫進了本書中。我的妻子艾莉克絲是我在許多長期決策中的拍檔，感謝妳在本書最後階段所做的敏銳修訂。感謝我們的兒子克萊（Clay）、羅恩（Rowan）和狄恩（Dean），你們不斷提醒我們，把眼光放遠的重要性。

這本書要獻給我父親，他是事前驗屍的高手，也在我遇到每一個人生重大決定時，給予我明智的建議。

寫於布魯克林

二〇一八年三月

注釋

前言　掌握全方位的決策思維

1. William Duer, *New-York as It Was During the Latter Part of the Last Century* (New York: Stanford and Swords, 1849), 13–14.
2. Randal Keynes, *Darwin, His Daughter, and Human Evolution* (New York: Penguin Publishing Group, 2002), loc. 195–203, Kindle.
3. *Mr. Franklin: A Selection from His Personal Letters* (New Haven, CT: Yale University Press, 1956).
4. Daniel Kahneman, *Thinking, Fast and Slow* (New York: Farrar, Straus and Giroux, 2011), loc. 4668–4672, Kindle.
5. Peter L. Bergen, *Manhunt: the Ten-Year Search for Bin Laden from 9/11 to Abbottabad* (New York: Crown/Archetype, 2012), loc. 1877, Kindle.

6. 有些決定，像是陪審團判決有罪或無罪、中情局判定誰住在那座神祕大院中，並不涉及第二個預測階段，因為它們並不是那種因選擇路徑不同、後果也不同的問題，而是一個事實問題：他有罪，還是無罪？賓拉登住在這棟房子嗎？

7. George Eliot, *Middlemarch* (MobileReference, 2008), loc. 191., Kindle.

8. 文學評論家蓋里·索爾·莫森（Gary Saul Morson）把小說以及人類經驗的特性，描述為「敘事性」。這是一種方法，衡量某個既定現象被濃縮成簡單理論或準則的難易程度：「儘管我們可以對火星行經的軌道給予敘事性的解釋，首先是在這裡，然後到了那裡，然後繞到了這裡，但這樣解釋很荒謬，因為牛頓定律已經可以讓人算出火星在任何時間點可以行經到的地方。因此，我心中有一個新的概念，我稱之為『敘事性』。敘事性有程度之分，能用來衡量敘事的必要性。在火星的例子中，敘事性為零。另一方面，偉大的寫實主義小說所提出的倫理問題，則具有最大的敘事性。那什麼時候會有敘事性？答案是，我們愈需要文化來解釋時，就愈具有敘事性；我們愈能激起無法簡化的個人心理活動時，就愈具有敘事性；偶然性因素發揮的作用愈大，即在學科框架內不可預測的事件愈多，就愈具有敘事性。」(Morson, 38–39.)

第1章　籌劃思維

1. 當時的參謀長聯席會議副主席詹姆斯·卡特賴特將軍（James Cartwright）回憶說：「對

於我們來說，這是一個很好的工具。我們計畫了各種方案，然後大家會坐下來，對著模型一起討論：『這就是在這個院子或這棟房子會發生的情況……我們要用多種方式，來接近我們認為是目標對象所居住的建築物。』」Bergen, 164–165.

2. Robin Gregory, Lee Failing, Michael Harstone, Graham Long, Tim McDaniels, and Dan Ohlson, *Structured Decision Making: A Practical Guide to Environmental Management Choices* (Hoboken, NJ: John Wiley & Sons, 2012), loc. 233–234, Kindle.
3. Kahneman, loc. 1388–1397.
4. Cass R. Sunstein and Reid Hastie, *Wiser: Getting Beyond Groupthink to Make Groups Smarter* (Cambridge, MA: Harvard Business Review Press, 2014), loc. 280–287, Kindle.
5. Sunstein and Hastie, loc. 1142–1149.
6. www.scientificamerican.com/article/how-diversity-makesussmarter, accessed Sept. 2016.
7. Gary Klein, *Sources of Power: How People Make Decisions* (Cambridge, MA: MIT Press, 1999), loc. 466–469, Kindle.
8. Malcolm Gladwell, *Blink: The Power of Thinking Without Thinking* (Boston: Little, Brown and Company, 2007), loc. 1455–1461, Kindle.
9. Helen M. Regan, Mark Colyvan, and Mark A Burgman, "A Taxonomy and Treatment of Uncertainty for Ecology and Conservation Biology,"*Ecological Applications* 12, no. 2 (2002):

618–628. 環境學者羅賓・格雷葛里（Robin Gregory）等人把不確定性的類別歸納如下：「當我們對於世界上與事件或結果有關的事實不確定時，是因為……若結果隨時間、空間或其他變數而自然變化，變得難以預測，這是自然變異；我們無法精確地測量事物，這是測量誤差；我們沒有校準好儀器，或沒有正確地設計好實驗／抽樣，這是系統誤差；我們不知道事物之間如何相互作用，這是模型不確定性；我們運用判斷力來解釋數據、觀察或經驗，導致個人判斷的不確定性，以及專家之間差異所導致的不確定性，這是主觀判斷；當我們無法有效溝通時，這是語意不確定性；語言導致含糊不清的情形，這是模糊性；模糊性可能跟數字有關（多少棵『高大』的樹？什麼時候藻類數量會『暴增』？）或與數字無關（如何定義棲息地的適宜性？）有些文字有多種含義，讓人不清楚所指的意思，如『自然』環境、森林『覆蓋』，這是多義性；若文中沒有精準的描述，例如，在我的車道上發生『大量的』漏油，但這發生在海洋中，則會被視為『小量的』，這需要依賴上下文來解釋；交代不足是出現不必要的籠統情況，像是『明天可能下雨』與『明天某地可能下雨的機率為七〇%』；在某個時間點使用的詞，意思會有所不同，這是理論詞的不確定性。」Gregory et al., loc. 123, Kindle.

10. Richard P. Feynman, *The Meaning of It All: Thoughts of a Citizen-Scientist* (New York: Basic Books, 2009), loc. 26–27.

11. Bergen, loc. 134–135.

12. 歐文・詹尼斯（Irving Janis）在《小集團思維的犧牲品》（*Victims of Groupthink*, Boston: Houghton Mifflin, 1972）一書中，提供了一個案例研究，分析了一連串疏忽和錯誤的想法，使夏威夷和華盛頓的軍事指揮官沒能發現珍珠港會被襲擊。事後看來，有大量證據顯示，日本可能會試圖直接攻擊珍珠港海軍基地。而事實上，太平洋艦隊的司令哈斯本・金梅爾上將（Husband Kimmel）已經看過許多的情報簡報，顯示日本是有可能發動襲擊的。然而，正如詹尼斯所描述的，金梅爾及其副手受到團體迷思的蒙蔽。這群人確信，日本會在某處發動襲擊，問題是他們會不會攻擊英國或荷蘭在遠東的領土來宣戰。因此，在日本直接攻擊的問題上，美軍的共識觀點與日本的實際攻擊地相去甚遠。即便美軍雷達在十二月初的頭幾天，追蹤不到日本的航空母艦，他們也沒有替這樣的攻擊做出防備。由於美方認為攻擊的機率低，因此沒有人費心去認真對待這個風險。(Janis, 76.)
13. Bowden, Mark. *The Finish: The Killing of Osama bin Laden*. New York: Grove/Atlantic, Inc., 2012.

第2章　預測思維

1. Philip E. Tetlock and Dan Gardner, *Superforecasting: The Art and Science of Prediction* (New York: Crown/Archetype, 2015), loc. 68–69, Kindle.
2. Tetlock and Gardner, loc. 125, Kindle.

3. Gary Westfahl, Wong Kin Yuen, and Amy Kit-sze Chan, eds., *Science Fiction and the Prediction of the Future: Essays on Foresight and Fallacy* (Jefferson, NC: McFarland, 2011), loc. 82–84, Kindle.
4. 同樣的盲點適用於在一九四〇年代和一九五〇年代積極創造數位革命的人士。比方說，傳奇科學家凡納爾・布希（Vannevar Bush）在一九四〇年代末在《大西洋》雜誌（*The Atlantic*）發表了一篇廣受讚譽的論文，名為〈誠如所思〉（As We May Think）。文中想像了一種新型的研究工具，許多人認為，這是首開先例讓人瞥見五十年後，由全球資訊網締造的超文本世界。但是，布希的機器根本不是電腦，而是一台經過改良的縮微膠片閱讀器，研究人員只能讀取文件的靜態影像，並建立連接相關文件的簡單連結（布希稱其為「運作路徑」〔trail〕）。但是那些使連線上網的電腦變得如此強大的功能，如：寫下自己的話語、複製和貼上文字，與同事共享和討論內容，完全沒有在布希的願景中。然而卻是在布希概念的指引下，第一台數位電腦才得以問世。
5. Westfahl et al., loc. 195–202, Kindle.
6. Browne, *Charles Darwin: Voyaging*, 498.
7. 實際上，透過現代科學方法，已經證實了馬爾文的水的純度。由於泉水流經異常堅硬的前寒武紀岩石，使水中基本上不含礦物質，而岩石中的細小裂縫可作為天然的過濾器，過濾掉其他的雜質。

8. Druin Burch, *Taking the Medicine: A Short History of Medicine's Beautiful Idea, and Our Difficulty Swallowing It* (London: Vintage, 2010), 158.
9. 「第一種療法是『滴水床單』，拿一條濕的床單，稍微擰乾，包裹住患者的身體，然後用力搓揉五分鐘。這個目的是『刺激身體的神經和循環系統』。蓋利醫師寫道：『對於非常脆弱的人，我第一次通常只用濕毛巾，搓揉軀幹和手臂。把這些部位擦乾，並讓患者穿好衣服後，再以相同的方式搓揉腿部。』」From Keynes, loc. 2888-2896, Kindle.
10. 「不管是陸上和海上的觀察資料都會被收集起來。如果這樣做的話，他預計不用幾年後，無論這國家的氣候如何變化，我們可能會提前二十四小時知道這個大都市的天氣狀況。」From John Gribbin and Mary Gribbin, *FitzRoy: The Remarkable Story of Darwin's Captain and the Invention of the Weather Forecast* (ReAnimus Press, 2016), loc. 4060–4062, Kindle.
11. 史密森尼學會（The Smithsonian）的祕書約瑟夫・亨利（Joseph Henry）在一八四七年提出了這個想法的粗略版本：「早在一八四七年，史密森尼學會祕書約瑟夫・亨利就意識到，每年都至少會有一些風暴，從北美西岸行經到東岸，所以他建議成立一個電報網絡，提醒東部各州的人民從西部吹來的風暴。」From Gribbin, loc. 4151–4153, Kindle.
12. Peter Moore, "The Birth of the Weather Forecast," www.bbc.com/news/magazine-32483678.
13. Katherine Anderson, *Predicting the Weather: Victorians and the Science of Meteorology* (Chicago: University of Chicago Press, 2010), 119.

14. 「他的每個主要觀測站的觀察員都紀錄了空氣的溫度、壓力和濕度、地面以及更高處的風速（透過研究雲的動向得出），海洋的狀況，所有這些參數自上次觀測以來的變化情形，以及降雨量和降雨的類型。上午八點，從各觀測站發出資料，到了上午十點，國會街（Parliament Street）收到電報後，立刻按照比例尺誤差、海拔和溫度進行解讀、換算或修正，然後抄到準備好的表格內，並抄寫好幾份。第一份表格連同所有電報，一起傳給氣象局局長或他的助手，以研究當天的天氣預報，然後仔細地寫在第一張紙上，迅速複製後，分發出去。十一點時，天氣報告會送到《泰晤士報》（印在第二版上）、《勞依茲日報》（*Lloyd's List*）和《船務公報》（*Shipping Gazette*），還有貿易委員會、海軍總部、騎兵衛隊和人道協會。很快的，類似的天氣報告也被發送到其他午報……」From Gribbin, loc. 4352–4363.
15. Lewis Fry Richardson, *Weather Prediction by Numerical Process* (Cambridge, UK: Cambridge University Press, 2007), xi.
16. Bowden, loc. 195.
17. Jonathan Keats, "Let's Play War: Could War Games Replace the Real Thing?" http://nautil.us/issue/28/2050/lets-play-war.
18. 「以薩拉托加號航空母艦（Saratoga）為中心的藍軍會從夏威夷出動，試圖對黑軍進行戰略攻擊，藍軍正與『列星頓號』（Lexington）和『蘭列號』（Langley）一起捍衛海岸。

藍軍一出動，就遇上了五艘黑軍的潛艇阻撓，這些潛艇全部埋伏著，任務是報告藍軍的動向。藍軍派出飛機，迅速偵查，並把五艘潛艇中的四艘給消滅掉。因此，關於利用飛機來抵抗潛艇部隊的戰略，這次的演習提供了一個重要的早期寶貴經驗。雙方部隊只用了幾天，就發現了對方的蹤跡，但沒有一方獲得明顯的優勢。在剩下幾天的演習裡，雙方在東太平洋海域上進行循環、遠距戰鬥，但是海域太大，以至於沒有哪一方可以占據上風。然而，事實證明：一、航空母艦空中作戰力量參與戰事的可行性，以及二、需要部署更多的航空母艦。」From Phil Keith, *Stay the Rising Sun: The True Story of USS Lexington, Her Valiant Crew, and Changing the Course of World War II* (Minneapolis: Zenith Press, 2015), loc. 919–926, Kindle.

19. http://nautil.us/issue/28/2050/lets-play-war.
20. Paul Hawken, James Ogilvy, and Peter Schwartz, *Seven Tomorrows* (New York: Bantam, 1982), 7.
21. Pierre Wack,"Scenarios: Uncharted Waters Ahead,"*Harvard Business Review*, September 1985.
22. Pierre Wack,"Living in the Futures,"*Harvard Business Review*, May 2013.
23. Bowden, loc.191, Kindle.
24. Klein, loc. 954–956, Kindle.

25. Bergen, loc. 191, Kindle.
26. Bergen, loc.183–184, Kindle.
27. Bergen, loc.171–172, Kindle.

第3章 決定思維

1. Quoted in Jenny Uglow, *The Lunar Men: Five Friends Whose Curiosity Changed the World* (New York: Farrar, Straus and Giroux, 2002), 169.
2. Jeremy Bentham, "An Introduction to the Principles of Morals and Legislation," www.econlib.org/library/Bentham/bnthPML1.html, accessed May 2017.
3. 這個功利主義框架是喬治・艾略特哲學系統的基石，僅次於路德維希・費爾巴哈（Ludwig Feuerbach）對於愛情的非傳統理論。（她非常了解功利主義者，她和喬治・亨利・路易斯都在《西敏寺評論》〔*Westminster Review*〕發表文章和翻譯作品，而這本雜誌最初是由邊沁創辦的。）但是《米德鎮的春天》證明了，現實中很難運用功利主義者的情感計算方式。
4. 第一二二九一號行政命令的全文請參考：www.presidency.ucsb.edu/ws/?pid = 43424。
5. Sunstein and Hastie, loc.1675–1683, Kindle.
6. 更多相關資料，請參考：https://newrepublic.com/article/81990/obama-cost-benefit-revolution。

7. 「從數學上來講，線性價值模型是將結果加權總和，來表示替代方案的成效得分：總體分數 = W1X1 + W2X2 + W3X3 + ……其中 X1 是分配給措施一的分數，W1 是分配給措施一的權重或重要性；X2 是分配給措施二的分數，W2 是措施二的權重，以此類推。如果各個成效衡量指標有不同的計量單位（例如，美元、公頃、工作量等），那麼為了計算出有意義的總體分數，首先必須對個別成效衡量指標的得分進行『標準化』，然後使用某種可靠的方法進行加權。通常，量化價值模型的步驟包括：一、定義目標和衡量指標；二、確定替代方案；三、給每個衡量指標的替代方法分配結果（或結果分數）；四、給衡量指標分配權重；五、加權結果分數，以便計算總合；六、計算加權後的分數，有時這稱為『讚許』分數，據此對備案進行排名。」From Gregory et al, 217.

8. Google 這項專利的全文可以參考以下網址：www.google.com/patents/ US9176500。

第 4 章　世界級決策

1. 我們第一次與外太空接觸到的，必然是更先進的文明，這個論點是基於以下假設。首先，我們從地球發送結構化無線電信號，是還不到一百年的事。因此，高智生物的第一個跡象不太可能來自一個只有約五十年無線電技術史的社會。想想看這種情況需要什麼條件才能發生：在我們地球，花了一百三十九億九千九百九十九萬九千八百八十年才出現無線電技術，而在銀河系另一處適宜居住的星球上，正好花了一百三十九億九千九百九十九萬九千九百三十年發明無線電，那還真是宇宙間無比的巧合。在科技創新的過程中，可能會有不斷重複的進展，但是即使有，也不會這樣規律地發展下去。即使只是微調這些數字，也會在技術成熟度上帶來相當大的差距。想像一下，另一個星球的科技進展與我們的科技進展相差了千分之一。如果他們比我們更先進，他們在無線電技術（及其後繼技術）上就已經發展了一千四百萬年。當然，根據他們在宇宙中的位置，他們的無線電信號可能需要數百萬年，才能傳到地球。但是，即使考慮到無線電傳輸的延遲，如果我們收到從另一個星系傳來的信號，我們幾乎肯定會發現，自己正在與更先進的文明對話。

第5章　人生的抉擇

1. Eliot, loc. 583, Kindle.
2. Eliot, loc. 7555, Kindle.
3. 的確，在維多利亞時代的小說家中，艾略特並不是唯一一個會從個人擴展到宏觀的歷史運動、建構多層面想像形式的小說家。比方說，狄更斯在一八五〇年代和一八六〇年代初期發表的偉大小說，如《荒涼山莊》（*Bleak House*）、《小杜麗》（*Little Dorrit*）和《我們共同的朋友》（*Our Mutual Friend*），就建立了一個龐大的城市網路，把街頭頑童、工業大亨、凋零的貴族、收租放款者和商人、行政人員、勤勞的工人與罪犯的生活聯繫在一起，這些都是由工業化、日益成長的官僚主義和大城市人口爆炸等新歷史力量所塑造的。

從某個角度來看，狄更斯的成就類似於巴爾扎克或福樓拜的《情感教育》（*Sentimental Education*）。另一方面，狄更斯的表現比艾略特在《米德鎮的春天》更令人印象深刻，因為他必須把敘事建立在一座城市內，把兩百萬人的生活聯繫起來，而不是像艾略特所有小說的背景都設定在小城鎮。但是為了找出能串聯起所有複雜關聯的形式，狄更斯不得不犧牲一定程度的現實性。

因此，在狄更斯的小說中，情節轉折點幾乎從未涉及角色要面臨複雜的決策。他們的生活出現變化，是因為財富的消長，而起因是發生童話般出人意料的事，像是祕密的親子關係和隱藏的遺囑。但是，他們的生活幾乎從未因為個人的選擇而改變。當角色面臨兩難選擇時，狄更斯幾乎從未停下來，解釋選擇當中「令人洩氣的複雜情況」，部分原因是因為這些角色已經定型了：聖人走聖潔的道路；奮鬥者走努力的道路；惡人走邪惡的道路。即使角色必須做出選擇，也沒有什麼好選的。比較一下利德蓋特的教區牧師投票問題：選擇之所以困難，是因為他整個人格出現了緩慢而明顯的轉變，從狂熱的理想主義者，到因為各式各樣小小的道德瑕疵，受到「千絲萬縷的壓力」影響，成為我們現在所謂的出賣者。儘管有五頁的內心獨白，但場景中的戲劇感在於，我們不知道利德蓋特最終會選擇什麼。而這點之所以吸引讀者，有一部分是因為他是一個不斷轉變的角色，也因為這個決定確實很難。

4. Kathryn Hughes, *George Eliot: The Last Victorian* (New York: HarperCollins, 2012), loc.

3386–3393, Kindle

5. Quoted in Hughes, loc. 134, Kindle.
6. Quoted in Hughes, loc. 143, Kindle.
7. Cited in Rebecca Mead, *My Life in Middlemarch* (New York: Crown/Archetype, 2014), loc.77, Kindle.
8. Cited in Mead, loc. 80–81, Kindle.
9. John Tooby and Leda Cosmides, “Does Beauty Build Adapted Minds? Toward an Evolutionary Theory of Aesthetics, Fiction and the Arts,” *SubStance* 30, no. 1/ 2 (94/ 95: 2001): 6– 27.
10. Mead, loc. 223, Kindle.
11. Eliot, loc.207, Kindle.

參考書目

Anbinder, Tyler. *Five Points: The 19th-Century New York City Neighborhood That Invented Tap Dance, Stole Elections, and Became the World's Most Notorious Slum*. New York: Free Press, 2001.

Anderson, Katherine. *Predicting the Weather: Victorians and the Science of Meteorology*. Chicago: University of Chicago Press, 2010.

Armitage, Peter. "Fisher, Bradford Hill, and Randomization." *International Journal of Epidemiology*, 32 (2003): 925–928.

Baron, Jonathan. *Thinking and Deciding*. New York: Cambridge University Press, 2008.

Bentham, Jeremy. "An Introduction to the Principles of Morals and Legislation." www.econlib.org/library/Bentham/bnthPML1.html.

Bergen, Peter L. *Manhunt: the Ten-Year Search for Bin Laden from 9/11 to Abbottabad*. New York: Crown/Archetype, 2012.

Bowden, Mark. *The Finish: The Killing of Osama bin Laden*. New York: Grove/Atlantic, Inc., 2012.

Brand, Stewart. *The Clock of the Long Now: Time and Responsibility*. New York: Basic Books, 1999.

Browne, Janet. *Charles Darwin: Voyaging*. Princeton, NJ: Princeton University Press, 1996.

Buckner, Randy L. "The Serendipitous Discovery of the Brain's Default Network." *Neuroimage* (2011).

Burch, Druin. *Taking the Medicine: A Short History of Medicine's Beautiful Idea, and Our Difficulty Swallowing It*. London: Vintage, 2010

Chernow, Ron. *Washington: A Life*. New York: Penguin Press, 2010.

Christian, Brian, and Tom Griffiths. *Algorithms to Live By: The Computer Science of Human Decisions*. Grand Haven, MI: Brilliance Audio, 2016.

"Defense Science Board Task Force on the Role and Status of DoD Red Teaming Activities." *Office of the Under Secretary of Defense*, (2003).

Dobbs, Michael. *One Minute to Midnight: Kennedy, Khrushchev, and Castro on the Brink of Nuclear War*. New York: Alfred A. Knopf, 2008.

Duer, William. *New-York as It Was During the Latter Part of the Last Century*. New York:

Stanford and Swords, 1849.

Edwards, Paul N. "History of Climate Modeling." *Wiley Interdisciplinary Reviews: Climate* 2 (2011): 128–39.

Eliot, George. *Middlemarch*. MobileReference, 2008.

Feynman, Richard P. *The Meaning of It All: Thoughts of a Citizen- Scientist*. New York: Basic Books, 2009.

Franklin, Benjamin. *Mr. Franklin: A Selection from His Personal Letters*. New Haven, CT: Yale University Press, 1956.

Gladwell, Malcolm. *Blink: The Power of Thinking Without Thinking*. Boston: Little, Brown and Company, 2007.

Gregory, Robin, Lee Failing, Michael Harstone, Graham Long, Tim McDaniels, and Dan Ohlson. *Structured Decision Making: A Practical Guide to Environmental Management Choices*. Hoboken, NJ: John Wiley & Sons, 2012.

Greicius, Micahel D., Ben Krasnow, Allan L. Reiss, and Vinod Menon. "Functional Connectivity in the Resting Brain: A Network Analysis of the Default Mode Hypothesis." *Proceedings of the National Academy of Sciences* 100 (2003): 253–58.

Gribbin, John, and Mary Gribbin. *FitzRoy: The Remarkable Story of Darwin's Captain and the*

Invention of the Weather Forecast. ReAnimus Press, 2016.

Hawken, Paul, James A. Ogilvy, and Peter Schwartz. *Seven Tomorrows: Toward a Voluntary History*. New York: Bantam Books, 1982.

Heath, Chip, and Dan Heath. *Decisive: How to Make Better Choices in Life and Work*. New York: Crown Business, 2013.

Hughes, Kathryn. *George Eliot: The Last Victorian*. New York: HarperCollins Publishers, 2012.

Janis, Irving. *Victims of Groupthink: A Psychological Study of Foreign-Policy Decisions and Fiascoes*. Boston: Houghton, Mifflin, 1972.

Janis, Irving, and Leon Mann. *Decision Making: A Psychological Analysis of Conflict, Choice, and Commitment*. New York: The Free Press, 1977.

Johnston, Henry Phelps. *The Campaign of 1776 Around New York and Brooklyn: Including a New and Circumstantial Account of the Battle of Long Island and the Loss of New York, With a Review of Events to the Close of the Year: Containing Maps, Portraits, and Original Documents*. Cranbury, NJ: Scholars Bookshelf, 2005.

Kahneman, Daniel. *Thinking, Fast and Slow*. New York: Farrar, Straus and Giroux, 2011.

Keats, Jonathan. "Let's Play War: Could War Games Replace the Real Thing?" *Nautilus 28* (September 24, 2015).

Keeney, Ralph L. "Value-Focused Thinking: Identifying Decision Opportunities and Creating Alternatives." *European Journal of Operational Research*, 92 (1996): 537–49.

Keith, Phil. *Stay the Rising Sun: The True Story of USS Lexington, Her Valiant Crew, and Changing the Course of World War II*. Minneapolis: Zenith Press, 2015.

Keynes, Randal. *Darwin, His Daughter, and Human Evolution*. New York: Penguin Publishing Group, 2002.

Kidd, David Comer, and Emanuele Castano. "Reading Literary Fiction Improves Theory of Mind." *Science* 342 (2013): 377–80.

Klein, Gary. *Sources of Power: How People Make Decisions*. Cambridge, MA: MIT Press, 1999.

Mead, Rebecca. *My Life in Middlemarch*. New York: Crown/Archetype, 2014.

Mitchell, Deborah J., J. Edward Russo, and Nancy Pennington. "Back to the Future: Temporal Perspective in the Explanation of Events." *Journal of Behavioral Decision Making* 2 (1989): 25–38.

Moore, Peter. "The Birth of the Weather Forecast." 66c.com, April 30, 2015. www.bbc.com/news/magazine-32483678.

Morson, Gary Saul, and Martin Schapiro. *Cents and Sensibility: What Economics Can Learn from the Humanities*. Princeton University Press. Kindle Edition.

Nutt, Paul C. *Making Tough Decisions: Tactics for Improving Managerial Decision Making*. San Francisco: Jossey-Bass Publishers, 1989.

——. *Why Decisions Fail: Avoiding the Blunders and Traps That Lead to Debacles*. San Francisco: Berrett-Koehler Publishers, 2002.

Raichle, Marcus E., and Abraham Z. Snyder. "A Default Mode of Brain Function: A Brief History of an Evolving Idea." *Neuroimage* 37 (2007): 1083–90.

Raichle, Marcus E., Ann Mary MacLeod, Abraham Z. Snyder, William J. Powers, Debra A. Gusnard, and Gordon L. Shulman. "A Default Mode of Brain Function." *Proceedings of the National Academy of Sciences* 98 (2001): 676–82.

Regan, Helen M., Mark Colyvan, and Mark A. Burgman. "A Taxonomy and Treatment of Uncertainty for Ecology and Conservation Biology." *Ecological Applications* 12 (2002): 618–25.

Rejeski, David. "Governing on the Edge of Change." wilsoncenter.org, 2012.

Richardson, Lewis Fry. *Weather Prediction by Numerical Process*. Cambridge, Cambridge University Press, 1924.

Riddick, W. L. *Charrette Processes: A Tool In Urban Planning*. York, Pennsylvania: George Shumway, 1971.

Sanderson, Eric W. *Mannahatta: A Natural History of New York City*. New York: Abrams, 2009.

Schwartz, Peter. *The Art of the Long View*. New York: Random House, Inc., 2012.

Seligman, Martin E. P., Peter Railton, Roy F. Baumeister, and Chandra Sripada. *Homo Prospectus*. New York: Oxford University Press, 2016.

Simon, Herbert A. "Rational Decision Making in Business Organizations." In *Nobel Lectures, Economics 1969–1980*. Singapore: World Scientific Publishing, 1992.

Singer, Peter, and Katarzyna de Lazari-Radek. *Utilitarianism: A Very Short Introduction*. Oxford: Oxford University Press, Kindle edition.

Stasser, Garold, and Williams Titus. "Hidden Profiles: A Brief History." *Psychological Inquiry* 14 (2003): 304–313.

Stasser, Garold, Dennis D. Stewart, and Gwen M. Wittenbaum. "Expert Roles and Information Exchange During Discussion: The Importance of Knowing Who Knows What." *Journal of Experimental Social Psychology*, 31.

Steedman, Carolyn. "Going to Middlemarch: History and the Novel." *Michigan Quarterly Review* XL, 3 (2001).

Sunstein, Cass R., and Reid Hastie. *Wiser: Getting Beyond Groupthink to Make Groups Smarter*. Cambridge, MA: Harvard Business Review Press, 2014.

Swinton, William E. "The Hydrotherapy and Infamy of Dr. James Gully." *Canadian Medical Association Journal* 123 (1980): 1262–64.

Tetlock, Philip E., and Dan Gardner. *Superforecasting: The Art and Science of Prediction*. New York: Crown/ Archetype, 2015.

Tooby, John, and Leda Cosmides. "Does Beauty Build Adapted Minds? Toward an Evolutionary Theory of Aesthetics, Fiction, and the Arts." *SubStance*, 94/95 (2001): 6–14.

Uglow, Jenny. *The Lunar Men: Five Friends Whose Curiosity Changed the World*. New York: Farrar, Straus and Giroux, 2002.

Vakoch, Douglas A., and Matthew F. Dowd. *The Drake Equation: Estimating the Prevalence of Extraterrestrial Life Through the Ages*. New York: Cambridge University Press, 2015.

Vohs, Kathleen D., Roy F. Baumeister, Brandon J. Schmeichel, Jean M. Twenge, Noelle M. Nelson, and Dianne M. Tice. "Making Choices Impairs Subsequent Self-Control: A Limited-Resource Account of Decision Making, Self-Regulation, and Active Initiative." *Journal of Personality and Social Psychology*, 94 (2008): 883–898.

Wack, Pierre. "Living in the Futures." Harvard Business Review, May 2013.

——. "Scenarios: Uncharted Waters Ahead." *Harvard Business Review* (September 1985).

Westfahl, Gary, Wong Kin Yuen, and Amy Kit-sze Chan, eds. *Science Fiction and the Prediction of the Future: Essays on Foresight and Fallacy*. Jefferson, NC: McFarland, 2011.

Wohlstetter, Roberta. *Pearl Harbor: Warning and Decision*. Stanford: Stanford University Press, 1962.

Yamin, Rebecca. "From Tanning to Tea: The Evolution of a Neighborhood." *Historical Archaeology* 35 (2001): 6–15.

Yoshioka, Alan. "Use of Randomisation in the Medical Research Council's Clinical Trial of Streptomycin in Pulmonary Tuberculosis in the 1940s." *BMJ*, 317 (1998): 1220–1223.

Zenko, Micah. *Red Team: How to Succeed by Thinking Like the Enemy*. New York: Basic Books, 2015.

三步決斷聖經

Farsighted: How We Make the Decisions that Matter the Most

作　　者　史蒂芬・強森
譯　　者　黃庭敏
主　　編　呂佳昀

總 編 輯　李映慧
執 行 長　陳旭華（steve@bookrep.com.tw）

社　　長　郭重興
發行人兼出版總監　曾大福
出　　版　大牌出版 / 遠足文化事業股份有限公司
發　　行　遠足文化事業股份有限公司
地　　址　23141 新北市新店區民權路 108-2 號 9 樓
電　　話　+886- 2- 2218-1417
傳　　真　+886- 2- 8667-1851

印務經理　黃禮賢
封面設計　陳文德
排　　版　新鑫電腦排版工作室
印　　製　通南彩色印刷有限公司
法律顧問　華洋法律事務所　蘇文生律師

定　　價　480 元
初　　版　2021 年 4 月

國家圖書館出版品預行編目資料

三步決斷聖經 / 史蒂芬・強森 作 ; 黃庭敏 譯 . -- 初版 . -- 新北市 : 大牌出版 ; 遠足文化事業股份有限公司 , 2021.04
面 ;　公分
譯自：Farsighted: How We Make the Decisions that Matter the Most
ISBN 978-986-5511-72-2 (平裝)
1. 決策管理

494.1　　　　110003327